초급장교를 위한
해군 리더십

미 해군사관학교 교수부 지음 / **이준용** 옮김

연경문화사

옮긴이 **이준용** 교수

1981년 해군사관학교를 졸업하고 1998년 인디애나 볼 주립대학교에서 영어교수법
박사학위를 취득하였으며, 현재 해군사관학교 영어과에 재직 중이다. 〈아메리칸 애드미럴십〉
〈미 해군 영문서 작성법〉〈ECL 시험대비 New ALC 필수어휘 완성〉
〈Daily Expressions for Leadership〉〈American English: 미국사회와 언어의 이해〉 등
다수를 번역하고 저술하였다.

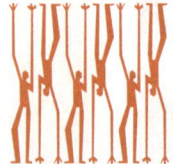

초판 1쇄 인쇄 / 2011년 1월 3일	초판 1쇄 발행 / 2011년 1월 6일
저자 / 미 해군사관학교 교수부	옮긴이 / 이준용	펴낸이 / 이정수	펴낸곳 / 연경문화사
등록 / 1-995호	주소 / 서울시 강서구 가양3동 1488-4 진농빌딩
대표전화 / 02-332-3923	팩시밀리 / 02-332-3928	이메일 / ykmedia@korea.com
값 12,000원	ISBN 978-89-8298-120-3 02390

옮긴이의 말

비단 군의 지휘관뿐 아니라 장교나 부사관들에게 공통적으로 요구되는 제반 내용들을 한 마디로 요약하면 리더십 능력일 것입니다. 특히 해군의 경우에는 함정이라는 특수한 환경에서 생활하기 때문에 탁월한 리더십을 발휘하는 일은 그 무엇보다도 중요한 일입니다. 해군함정은 곧 그 자체가 국가를 대표하기도 합니다. 그러나 해군리더십 관련 책자, 특히 초급장교들에게 필요한 책자는 찾아보기 힘든 실정입니다.

본 책자는 1939년부터 미 해군사관학교에서 교육용 교재로 사용되어 오던 『Naval Leadership』을 번역한 것입니다. 아주 오래된 책이지만 그 첫 페이지에 나온 존 폴 존스(John Paul Jones)의 글을 읽으면서 한동안 흥분된 마음을 가눌 수 없었습니다. 이 훌륭한 글을 230년 전에 국회에서 발표하였다는 사실에 놀라, 즉각 번역한 후 해군 넷에 게 시하였습니다. 곧 이어서 전체분량을 번역할 마음으로 일을 시작하였습니다.

이 책자에는 해군장교는 물론 미래의 해군을 짊어질 사관생도들에게 실질적으로 유익한 내용들이 많이 포함되어 있습니다. 리더십을 제고하기 위한 해군장교의 필수자질에 대한 언급은 물론 당직사관의 리더십, 부서장의 리더십, 훈련과 처벌에 임하는 장교의 자세에 관하여 실례와 경험, 그리고 교훈을 제시하고 있습니다. 특히 마지막 장에서는 해군장교가 명심해야 할 사항들을 종합하여 간략하게 전개하고 있습니다.

리더십과 관련한 핵심내용은 거의 변화하지 않는 것으로 보입니다. 특히 군기와 사기로 상징되는 군의 리더십은 군대가 생겨난 이래로 바뀌지 않는 내용들이 많습니다. 아무쪼록 본 책자를 통하여 해군에 몸 담고 있는 많은 분들이 우리 해군의 리더십을 한 단계 더 끌어올리는데 일조할 수 있기를 기원합니다. 한 발 먼저 달려가 보고, 한 번 더 생각해보는 리더, 나아가 먼저 책임지는 리더들로 가득한 해군을 그려 봅니다. 그러한 분위기를 먼저 만드는 리더가 해군의 참된 리더요, 이 시대를 헤쳐 나갈 진정한 리더라고 생각합니다.

2010년 10월

해군사관학교에서

이준용

국회 해군위원회에 보내는
존 폴 존스(John Paul Jones)의 서한

1775년 9월 14일

해군장교가 된다 함은 유능한 뱃사람이 되는 것만을 의미하지 않습니다. 유능한 뱃사람이 되어야 한다는 것은 말할 필요도 없지요. 하지만 그 외에도 해군장교가 갖추어야 할 것이 많습니다. 해군장교는 인문학적 소양을 갖춘 신사가 되어야 하며 세련된 매너, 정확한 예절, 그리고 최고도의 명예심을 지니고 있어야 합니다.

해군장교는 자신의 생각을 말이나 글로써 정확하게 나타낼 수 있어야 할 뿐 아니라, 불어와 스페인어 등에도 능통해야 합니다. 해군장교는 국제법 관련 내용을 알고 있어야 하며, 일반 법조문에도 해박해야 합니다. 이는 가끔 고국을 떠나 장기간 항해 중에 혹은 외국에서의 정박 중에 자기 나라와 소속된 장병들에게 닥쳐올 재난을 피하기 위함이며, 잘못된 화를 당하지 않도록 하기 위함입니다.

또한 해군장교는 부름을 받았을 때, 곧바로 자신의 외교적 역량을 발휘할 수 있는 능력을 갖추고 있어야 합니다. 뿐만 아니라 근엄하면서도 규정에 맞는 외교적 언어를 구사할 줄 아는 능력도 갖고 있어야 합니다. 외국 체류기간 중에 나라를 대표해야하는 긴급한 일들이 자주 발생하기 때문입니다.

이럴 때에는 관련 내용에 대하여 고국에 있는 여러 사람들에게 문의해 볼 기회나 여유가 없습니다. 우물쭈물 했다가는 양 국가 간에 전쟁과 같은 위험 상황을 야기할 수도 있기 때문입니다.

이렇듯 해군장교가 지녀야할 덕목은 참으로 많습니다. 이러한 덕목 또는 자질을 충분히 지니고 있는 경우에라야 그 누구보다도 훌륭한 해군장교로써 조국을 위해 이바지할 수 있게 될 것이며, 나아가 자신의 이름과 명예를 드높이게 될 것입니다.

함정에서 일하고 있는 장교들 혹은 이들이 모시는 함장과의 관계에서도 알 수 있듯이 해군장교는 재치와 인내력이 있어야 하며 정의심, 확고한 마음가짐, 나아가 부하에 대한 자애심도 아울러 겸비하고 있어야 합니다.

아무리 작은 일이라 할지라도 해군장교는 자기 부하들의 공로에 대하여 그냥 지나치는 일이 없도록 해야 합니다. 그에 합당한 포상을 해주어야 하며, 한 마디 말이라도 그를 칭찬해 주고 인정해 주어야 합니다.

반대로 만일 부하들 중에 잘못한 점이 있다면 그것이 아무리 사소한 것이라 해도 악의를 갖고 행한 것인지 아니면 부주의로 인한 실수인지 혹은 멍청한 행동으로 인해 야기된 결과인지를 재빨리 파악하고 즉시 그에 상응한 조치로 시정해야 합니다.

해군장교는 부하의 공적이나 잘못을 심사함에 있어 전체적인 면을 꿰뚫어 볼 줄 알아야 합니다. 결코 한쪽으로 치우친 판단을 해서는 안 됩니다. 따라서 부하가 잘못한 점을 지적할 때에는 공정한 심판관의 입장에서 판단해야 합니다. 또한 똑같은 실수에 대하여 개인별로 서로 다르게 조치를 하는 일이 없도록 해야 합니다.

부하와 대화를 나눌 때에도 해군장교는 항상 자신이 지휘관이라는 생각을 견지하고 있어야 합니다. 이렇듯 자신의 입장을 제안하면서도, 선의를 베풀어야 한다는 생각을 스스로 망각하거나 포기하지 않도록 조심하면서 언제나 원만한 분위기를 만들도록 노력해야 합니다.

모든 해군장교들은 그의 부하들이 자신의 옆에서 식사할 수 있도록 초청해 주기를 바라고 있다는 사실을 알고 있어야 합니다. 또 실제 이러한 자리가 마련되면 그들이 하고 싶은 말을 허심탄회하게 거리낌 없이 이야기할 수 있도록 격려해 주어야 합니다.

해군은 기본적으로 혹은 어쩔 수 없이 귀족 티를 내는 등 일종의 배타적인 속성을 갖고 있습니다. 함정을 벗어나 실생활에 들어가면 잘 들어맞지 않는 정치적 원리들이 해군 함정 내에서 적용되고 있는 것도 사실입니다. 이러한 면이 해군 생활을 함에 있어 또 하나의 애로사항이라고 말할 수 있습니다만, 이로써 해군생활의 속내를 간단히 요약할 수 있을 것입니다. 국회가 인준한 바에 따라 전쟁터로 향하는 해군 장병은 인간의 권리와 자유 쟁취를 위해 싸우면서도 함정이라는 피치 못할 절대적인 조직 속에서 관리 및 유지되고 있다는 점을 유념하여 주시기 바랍니다.

목차

제1장
리더십

리더십은 부모로부터 물려받거나(유전적 소질) 혹은 자신이 노력하여 얻은 개인의 자질로써, 강압에 의한 것이 아니라 부하들의 자발적인 마음을 움직여 어떤 일을 성취하게 하는 것이다. 리더십의 정의를 사전에서 찾으면 '이끌어 가는 능력(the ability to lead)'이라고 되어 있다. 곧 리더는 다음과 같이 정의할 수 있다.

리더(이끌어 가거나 인도하는 사람)는 상당한 혹은 영향력 있는 지위를 점하고 있으며, 특히 아이디어를 잘 이끌어내고, 인격이 갖추어져 있고, 천재적 소질이 있으며, 의지가 강하고 행정능력도 뛰어난 사람이다. 그는 지휘로써 성과를 올리기 위해 사람들에게 어떤 일을 하도록 부추기고, 흥분시키고 또한 지시하는 사람이다.

리더십을 연구함에 있어 우리가 가장 먼저 알아두어야 할 사항은 리더십이라는 것이 수학공부처럼 책으로 습득되는 것이 아니라는 점이다. 리더십에 관한 몇 가지 원칙과 예들에 관하여는 여러분들도 나름대로 마음속에서 생각하는 바가 있을 것이다.

그러나 리더십 관련 자질을 갖추고자 한다면 몇 가지 본질적 원칙에 기초하여, 자신의 내면으로부터 만들어져야 한다는 사실을 기억해야 한다.

모든 조직체들은 리더십의 기반 위에 형성된다. 그 어떤 조직체이건 간에 리더십이 없는 조직은 무너지게 마련이다. 이를테면 비즈니스 조직 또한 마찬가지인데, 비즈니스 조직 내에 존재하는 리더십의 성격에 따라 그 회사의 흥망은 결정된다.

엄청난 규모의 사업체인 스탠더드 오일(Standard Oil), 미 강철공장(U. S. Steel), 그리고 베들레헴 강철공장(Bethlehem Steel)이 건립될 수 있었던 배경에는 다름 아닌 록펠러(Rockefeller), 카네기(Carnegie), 그리고 스왑(Schwab)이라는 인물들의 특출한 리더십이 있었기 때문이었다. 이러한 리더십이 비즈니스에 필요한 것이라면 전투를 담당하는 조직체, 목숨을 걸고 싸우는 군에 있어서의 리더십은 더더욱 소중하고 필요한 요소가 아닌가?

해군장교로 근무하는 당신에게는 부하들을 담당해야 하는 책임이 주어진다. 그들은 당신이 내리는 명령에 순종하도록 되어있다. 그리고 이러한 사실은 당신의 책임이 막중하다는 것을 의미한다.

그렇다면 이러한 책임을 어떻게 감당할 것인가? 이를 감당하는 방법은 단 한 가지 밖에 없다. 좋은 리더들이 갖고 있는 리더십의 자질이나 속성을 스스로 계발시키는 한편, 다른 부하들도 당신을 따를 수 있도록 자신의 생활을 만들어 가는 것이다.

단지 책임을 진다는 사실만으로 리더십에 따른 사명을 다한다고 생각해서는 안 된다. 당신은 분명히 리더의 자리에 서 있다. 하지만 리더로서의 임무를 성공적으로 수행하느냐 혹은 잘못 수행하느냐 하는 것은 전적으로 당신에게 달려있다.

　　아, 어떻게든 되겠지.

이런 말은 잘못된 리더 아래에 있는 사람들이 하는 말이다. 반면에 좋은 리더를 모시는 대원들은 다음과 같이 말한다.

당신을 위해서라면 어떤 일이든지 하겠습니다.

　　.

　잘못된 리더는 자기 부하들이 한 일을 못마땅하게 생각하고, 그러면서도 봉급은 꼬박꼬박 받아간다고 투덜거린다. 반면에 좋은 리더는 부하들에게 과업을 주되 열심히 일할 수 있는 여건을 만들어주고 각 개인별 수준 내에서 최대한의 효과를 낼 수 있도록 노력한다.

　인간의 능력은 리더십이 어떻게 작용하느냐에 따라 크게 달라질 수 있다. 어떠한 리더 아래에서 일 하였는지 혹은 일 하고 있는지에 따른 작업량의 결과는 엄청난 차이를 나타낸다. 리더에 관하여 마한(Alfred T. Mahan)은 다음과 같이 말했다.

　역사적으로 볼 때, 성능 좋은 함정을 훌륭하지 못한 리더가 지휘하는 경우보다, 성능 좋지 못한 함정이라도 훌륭한 리더가 지휘하는 경우에 언제나 더 나은 성과를 냈다.

이 같은 마한의 견해는 장착된 함정의 장비나 시설보다 그 함정을 책임지는 사람, 혹은 장교가 훨씬 더 중요하다는 것을 의미한다. 해군 장비들이 더 세분화되고 현대화되면서 더 큰 함정들이 건조되고, 수압 조절 장치도 발전되고 아울러 중앙통제 형태의 구조 또한 분산 형태의 구조로 바뀌었다.

외형도 더 커졌고 여러 가지 압축 장치를 이용함으로 인해 승조원들의 인원수도 많이 줄어들게 되었다. 그러나 전쟁에서의 승리를 보장하는 것은 사용하는 함정 또는 무기체계의 특성이라기보다 그러한 무기를 사용하는 장병들의 훈련 상태나 마음가짐에 달려 있다.

조직원의 사기를 만들고 유지하는 일의 대부분은 리더십의 자질과 관련된다. 해군은 해군 내에서 근무하는 사람들에 의해 결정되는 것이기에, 그 이상도 그 이하도 아니라는 점을 인식해야 한다. 항해를 담당하는 장교나 부사관 또는 수병들의 사기는 평소 갈고 닦은 훈련 및 그 분위기와 적군의 특성에 따라 달리 나타난다.

우리 선조들은 일찍 바다로 나아갔고, 오랜 기간 동안 바다에서 생활하였다. 바다에서 돌아올 때면, 갖가지 경험을 간직한 목선 내에서 그들은 어느덧 강철 인간이 되어 세상을 창조하고, 미 해군의 전통을 전수하였다. 우리는 이러한 훌륭한 전통을 갖고 있다.

그렇다면 오늘날 방대해진 해군의 조직에서 어떻게 하면 우리는 조직원들이 지속적인 관심을 갖고 충실히 복무하며 주어진 의무를 다할 수 있게 할 것인가? 온갖 종류의 사람들이 들락거리는 와중에 어떻게 하면 해군의 전통을 계속 이어가게 할 것인가? 아직 바다에 대한 경험도 없고 그저 안이하게 물질적인 풍요 속에서 생활함으로써, 바다에 대한 개념조차 거의 갖고 있지 못한 젊은이들을 어떻게 교육할 것인가?

여기 그 답안을 제시한다. 그동안 인간의 근본적인 부분, 즉 사람을 다루거나 사람을 만드는 기술은 변화하지 않았다는 점이다. 존 폴 존스(John Paul Johns) 혹은 매슈 페리(Matthew C. Perry)의 리더십 원리는 지금도 변함없이 그대로 적용되고 있다.

리더십 원리는 그 동안 많은 세월이 흐르고 또한 경험이 축적되면서 일부분은 대체되고, 재검토되기도 했지만 그 기본 원리는 여전히 그대로 사용되고 있는 것이다. 오래 전 선현(先賢)들의 군 복무 당시 형성된 조국에 대한 충성심, 드높은 사기로 생겨나는 충동적 현상은 현 시대에도 그대로 잠복해 있어 리더십만 보여주면 즉각 행동으로 보여줄 준비가 되어 있다.

역사는 마한의 경구에 나오는 교훈을 되새겨야 함을 강조한다. 마한은 다음과 같이 말했다.

전투에서의 승리를 보장하는 것은 함정이 아닌 사람이요, 좋은 함정의 좋지 못한 구성원들보다는 여건이 좋지 못한 함정이라도 훌륭한 사람들로 구성된 조직이 낫다.

그럼에도 불구하고 장비가 잘 운용될 수 있도록 하는 사람의 역할을 중요시하지 않고, 좋은 장비만을 강조하고 고집하는 장교나 부사관들을 우리는 얼마나 자주 보게 되는가? 또한 우리는 사람이 잘못되어 있음을 탓하지 않고 늘 장비의 잘못만을 탓하고 있는 것은 아닌가? 사람이 잘못 되었다는 말은 부대의 최대 역량을 높일 수 없도록 방해하는 신체적, 정신적 결함을 말한다.

해군과 같이 규모가 큰 조직체에서 각 개인이 실시하는 과업을 모두 파악한다는 것은 불가능한 일이다. 따라서 대부분의 경우 장교가 직접 자기 부하들이 무엇을 하고 있는지를 계속 감독하는 것보다는 그들의 충성심이나 능력을 믿고 맡기는 것이 반드시 필요하다. 이러한 충성심을 갖게 하거나 필요한 능력을 갖추도록 하는 일은 오직 지휘관의 리더십에 의해서만 가능하다.

따라서 그 어떤 조직에서보다도 해군 조직이 성공적으로 임무를 완수해 내기 위해서는 리더십이라는 기초가 굳건해야 한다. 리더십이 그 조직의 힘과 영향력에 얼마만큼의 역할을 하고 있는가는 여러 가지 역사적 전쟁들이 잘 보여준다.

그 가운데에서도 가장 좋은 예를 들면, 세라피스(Serapis)와 리차드(Bon Homme Richard) 전투가 될 것이다. 어떤 사람들은 존 폴 존스가 자기 부하들에게 보여준 영향력을 떠올릴 것이다. 그의 함정은 적의 공격에 심하게 파손 당하고 침몰 직전의 상태였다. 당시 한 영국군 지휘관이 항복하기를 권유하자 존 폴 존스는 다음과 같이 말하였다.

우리는 아직 전투를 시작조차 하지 않았다.

이 말은 함정 내의 전 장교 및 부하들에게 새로운 희망과 사기, 그리고 원기를 회복시키며 열정을 북돋웠고, 이로써 패색이 짙어가던 부대의 기세가 바뀌면서 결국 승리를 쟁취할 수 있게 되었던 것이다.

이러한 종류의 말이 조직원의 생각을 바꾸고 사기를 바꾼다는 것은 자연스러운 현상이다. 그렇다면 부하들에게 이러한 생각을 갖게 하고 그들에 대한 영향력을 높이기 위한 최상의 방책은 어떤 것인가? 만일 그러한 자질을 처음부터 갖고 태어나지 않는다면 그러한 지적 분석 능력을 아우르는 경험과 능력은 어떻게 배양할 수 있을 것인가?

물론 어떤 이들에 비해 리더십의 능력을 좀 더 많이 갖고 태어난 사람들도 있을 테고, 어릴 때부터 그러한 자질을 키워갈 수 있는 유리한 환경에서 생활해온 사람들도 있을 것이다. 그림 그리는 소질 또는 과학적 소양의 유무도 이와 비슷하다. 이러한 자질이 있는 사람의 경우 그의 성공은 미리 예견할 수 있다. 그러나 말하지 않아도 알겠지만 그러한 자질을 지닌 사람의 수는 극소수에 불과하다.

리더십을 고취하기 위한 필수불가결한 요소는 경험이다. 경험은 의사에게도, 기술자에게도, 전문가들 혹은 자신의 분야에서 완벽한 업무 수행을 원하는 모든 사람에게 있어 아주 중요한 요소이다.

그러나 그러한 직업들은 대학 등 고등교육기관에서 수 년 간의 이론 학습을 익힌 후에야 해당 경험을 시작할 수 있게 된다. 이러한 경험을 통하여 자신이 배운 지식을 좀 더 확장시킬 수 있으며 관련 원리를 적용할 기술을 습득하게 된다. 따라서 리더가 된지 얼마 되지 않는 사람은 스스로 인간본성의 특징과 사람과 사람 사이의 관계를 주도하는 원리를 더욱 잘 파악할 수 있도록 노력해야 하며, 나아가 이러한 원리가 실제 적용될 수 있도록 경험을 쌓아야 한다.

리더십을 기를 수 있는 지름길이란 없다. 리더십은 좀 더 고결한 능력을 요구할 뿐만 아니라 더 많은 노력이 요구되고, 진솔한 삶을 살아야 하며, 나아가 개개인에 대한 깊은 애정이 있어야 하며, 정의 실현을 위한 열정 또한 높아야 하기 때문이다.

리더는 이러한 제반 특성들을 간직하기 위해 세심한 노력을 기울여야 하며 이로써 자신의 리더십과 영향력을 갖추어나가게 된다. 훌륭한 리더십을 갖춘 역사적 인물들을 살펴보자.

칭기즈 칸(Chingiz Khan), 알렉산더 대왕(Alexander the Great), 시저(Gaius Julius Caesar), 드레이크(Francis Drake), 나폴레옹(Napoleon Bonaparte), 조지 워싱턴(George Washington), 넬슨(Horatio Nelson), 리(Robert Edward Lee), 스톤월 잭슨(Stonewall Jackson), 포슈(Ferdinand Foch) ……

이들은 사람들에게 영기를 불어넣고 자기 부하들이 용감히 싸워 이기게 하고 절대 물러서지 않게 만드는 리더십의 자질을 갖고 있었다. 그래서 우리는 그들을 역사 속의 진정한 리더라 칭한다.

위에 언급된 인물들은 다른 사람들과는 대비되는 나름대로의 특징을 갖고 있다. 즉 어떤 인물은 빈틈없이 완벽하였으며, 어떤 인물은 감히 범하지 못할 위엄이 있었고, 또 다른 인물은 아주 심플하고 소박한 장점을 갖고 있었다. 그들은 모두 리더십의 기본적 원리에 충실하였을 뿐 아니라, 개인적 특성이나 기질에 따라 이를 조화롭게 적용시킨 사람들이었다.

장교들 또한 이러한 점을 본받아야 할 것이다. 다른 사람들이 당신에 대하여 분석하고 연구하듯이 여러분들도 자기 자신에 자신에 대하여 연구하고 분석해야 한다. 자신의 강점, 혹은 가장 돋보이는 부분이 자신의 리더십을 발휘하는데 실제적으로 적용될 수 있도록 자기 자신에 대하여 부단히 연구해야 하는 것이다.

제2장
해군장교의 기본 자질

> **신사로서, 또한 해군의 일원으로서 이론은 물론 자신이 맡은 여러 가지 과업에 대하여 해박한 경험을 갖고 있어야만 비로소 해군장교로서의 기본 자질을 갖추었다고 말할 수 있게 되는 것이다.**

　해군장교로 성공하기 위해서는 꼭 필요한 두 가지 기본 자질이 있다. 하나는 신사가 되어야 하며, 또 하나는 능력 있는 뱃사람이 되어야 하는 것이다.

　위 둘 중, 어느 것이 더 중요한 것인지 말하기는 쉽지 않다. 그렇지만 이 둘 중에서 하나라도 빠뜨리게 된다면 그는 해군장교로서 성공할 수 없게 된다. 아마 훌륭한 신사라면 자동적으로 유능한 뱃사람이 될 수 있을 것이다. 왜냐하면 해군사관학교 졸업생이라면 정신적으로나 신체적으로 바다 생활을 하기에 적합한 조건을 갖추게 될 것이기 때문이요, 또한 신사라면 그 자신이 해군이 되는데 있어서 윤리적으로 아무런 결격 사유 없는 조건을 갖추게 될 것이기 때문이다.

　'사관과 신사' 이는 해군에서 자주 듣게 되는 표현이다. 이 표현은 군이 생겨나면서부터 시작된 아주 오래된 그리고 영예스러운 표현이다. '사관과 신사'라고 할 때 우리는 본능적으로 기사군, 십자군, 넬슨, 웰링턴, 존 폴 존스, 제임스 로렌스 그리고 초대 합참의장인 워싱턴 장군을 연상하게 된다.

'사관과 신사'라는 표현 이외에 그 어떤 표현으로 조지 워싱턴 장군의 원초적 존엄성, 명예심, 정의심, 자애심, 그리고 세련됨, 사나이다움, 용기, (그리고 여타 탁월한) 군인 특성을 모두 나타낼 수 있을 것인가?

신사의 특징에는 어떠한 것들이 있으며, 혹은 어떻게 해야 신사가 될 것인가에 대하여는 이미 수많은 문헌들이 출판되어 있다. 이러한 개념은 지역별, 인종별 그리고 외부적 상황에 따라 다르게 표현되고 있다. 하지만 종국적으로는 모두 같은 내용이라고 말할 수 있다. 신사의 정의를 어떻게 내릴 것인가에 대해 똑같은 생각을 하는 사람들은 거의 없다. 하지만 우리가 그 어디에 있건 간에 '신사' 그 자체는 명예롭고도 존경받는 것이다.

신사가 되기 위해 노력하는 사람은 거의 없지만, 신사다운 신사를 만났을 때 그를 알아보지 못하거나, 존경하지 않는 사람들 또한 거의 없다. 사실 신사에 대하여는 적절하게 묘사하기도 힘들고 정확히 정의하기도 힘들다. 그러나 간단하게 표현하자면, "신사는 고의로 다른 사람들을 비방하는 일을 하지 않는다."고 말할 수 있다. 신사는 보통 사람이 도달하기 어려운 높은 수준을 향하여 매진하고 있는 사람이며, 그 수준이 높다고 포기하지 않는 사람이다.

남자이건 여자이건 관계없이 어떤 사회의 일부 정해진 계층만이 신사가 되는 것만은 아니다. 교육이나 돈이 신사를 만드는 것도 아니다. 신사가 되기 위해서는 무엇보다 교육이 중요하다는 사실을 알아야 한다. 나는 한 때, 세련되지는 않았지만 때 묻지도 않은 즉 신사의 자질을 보여주는 한 사관당번과 절친한 친구였다.

흔히 우리는 많은 교육을 받고, 재산도 많고, 겉으로는 매너도 좋은 것 같아 보이지만 실제 알고 보면 협잡꾼이나 다름없는 사람을 보게 된다. 협잡꾼은 결코 신사가 아니다. 아래에서 신사가 갖추어야 할 지침을 살펴보자.

- 남에게 상스런 말로써 공격하거나, 그러한 공격을 유발하게 하는 행위는 절대 하지 않도록 하라.

- 몇몇 사람들에게만 친절하게 대하지 말고 모든 사람들에게 친절히 대하도록 하라.

- 갑자기 다른 사람을 공격하는 언행을 삼가라. 신사는 좋지 못한 결과를 만드는 언행을 하거나 혹은 그러한 원인을 제공하는 언행을 일삼지 않는다.

- 신사는 같은 계급자 혹은 상관으로부터 마음이 상하는 말을 듣게 된다든지, 혹은 조금이라도 그러한 생각이 들면 곧바로 당사자에게로 가서 관련 내용을 이야기하고, 의도하는 바가 무엇인가를 알아본다. 그러므로 직접 당사자를 찾아가도록 하라. 좋지 못한 언행은 생각도 하지 말고, 그러한 마음을 담아두지 않도록 해야 한다. 자초지종을 들어보도록 하되 항상 공손하게 이야기하여야 한다. 이때에도 감정을 드러내지 않도록 조심해야 한다.

해군에서의 규율은 자신의 결백이 받아들여질 때까지 모든 사람들이 신사라는 점을 인정하고 대해야 한다. 이는 새겨두어야 할 훌륭한 규범이며, 이를 잘 실천하도록 해야 한다. 우리는 젊은 장교라면 혈기 왕성하게 싸우는 것이 필요하다는 말을 종종 듣는다.

하지만 젊은 장교들이여, 이러한 용기는 가장 수준 낮은 하급의 용기라는 것을 명심하기 바란다. 진정한 용기는 바른 일을 똑바로 하는 일이다. 군인이건 아니건 관계없이 이것이 가장 숭고한 용기라는 점을 명심하기 바란다.

제대로 된 일을 하는 것 혹은 원칙에 맞게 일을 처리하고자 할 때 우리에게는 여러 가지 불편함이 따를 것이다. 그러나 이렇듯 원칙에 맞게 일함으로써 우리는 그 어떤 어려움에도 흔들리거나 굴하지 않는 굳건한 인격을 형성하게 된다. 업무를 똑바로 하지 않음으로써 스스로 느끼는 증오심은 매우 잘못 된 일이요 지혜롭지 못한 처사이다.

어떤 원칙이 적용되어야 할 때라면 어느 때고 그 원칙을 지키도록 노력하고 적당히 얼버무리지 않도록 하라. 적당히 얼버무리는 것은 그 어느 계층에 속해 있든지 간에 관계없이 아주 위험한 일이다. 적당히 얼버무리는 일은 결단코 있어서는 안 될 것임을 재차 강조하고자 한다.

군대 생활은 명예와 진실을 그 기본으로 한다. 진실함은 (군인이라는) 숭고한 삶을 영위해주는 본질이다. 모든 나라의 해군 장교, 해병대 장교 또는 육군 장교들은 명예와 숭고한 인격, 그리고 이러한 생활을 체득하며 살아가는 신사로 인식되어 있다.

명예스럽지 못한 삶, 잘못된 보고, 개인적인 삶이나 개인적인 면이 반영된 행동은 군 생활과는 유리된 불명예스러운 일이며, 특히 일반인이 아닌 장교로 임관한 사람에게 있어서는 더욱 치욕적인 일이다. 물론 성직자들에게 있어서는 이러한 일들이 장교로 임관한 사람들보다 더 심각한 일로 받아들여지겠지만 성직자 다음으로는 장교라고 생각함이 마땅하다. 개인적인 삶이 아니라 명예와 진실함을 바탕으로 사는 삶이야말로 군 복무 생활의 근본 요소인 것이다.

회사에서 근무하거나, 일당으로 살아가거나, 혹은 뱃사람, 군인, 철도 관련 종사자, 혹은 장성 등 그 어떤 직업에 종사하는 사람이건 관계없이 그들은 모두 제대로 된 인격을 갖춘 사람, 혹은 세련된 사람에게서 (제대로 된) 지시를 받고 싶어 한다.

그 많은 직업들 중에서도 군인, 특히 해군에 종사하는 사람들은 신사로부터 내려오는 명령을 먹고 살기를 원한다. 즉 그들은 마음으로부터 존경하고 따라서 삶을 본받아 살기 원하는 그러한 상관의 명령을 받기를 원하는 것이다.

수병들은 자기들이 모시는 장교가 어떠한 자질이 부족한지를 그 누구보다도 잘 알고 있다. 수병들이 가장 싫어하는 것은 그들이 존경하지 않는 장교로부터 지시를 받는 일이다. 물론 수병들은 국가로부터 권한을 부여 받은 장교로부터의 지시를 수명하겠지만, 그보다는 그들이 존경할 수 있는 장교, 스스로 자신을 사랑할 줄 아는 장교로부터 지시 받기를 원하고 있다.

해군 장교는 그러한 자질들을 구현할 수 있어야 한다. 즉 훌륭한 장교로서 명예롭고, 정의롭고, 진실하며, 참을성 있고, 남을 위해 배려할 줄 아는 신사가 되어야 한다는 것이다. 스스로를 갈고 닦아야 하며 계급이 높은 사람이 모이는 자리든, 낮은 사람이 모이는 자리든 관계없이 그 어떤 모임에 가더라도 잘 적응할 수 있어야 한다. 그 어디에서건 자신이 갈고 닦은 정의로움을 세련되게 보여줄 수 있어야 한다. 밀러(Miller)의 리더십 관련 책자에서는 다음과 같이 말하고 있다.

가장 훌륭한 리더의 특성은 단순성, 열의, 자기 제어, 근면함, 상식, 판단력, 정의감, 열성, 인내력, 기교, 용기, 믿음, 충성심, 통찰력, 진실성 그리고 명예라고 할 수 있다.

이 16가지 자질은 훌륭한 리더가 되기 위한 핵심내용이 된다. 리더의 자질이나 특성을 위의 항목들로 대비해보면 리더의 됨됨이를 파악할 수 있게 된다. 위 자질들은 그 우선순위에 따라서 열거된 것이 아니다. 리더의 자질에 대하여 그 우선순위를 매기려 한다면 심리학자들이나 학생들은 서로 아주 다른 의견을 제시할 것이다.

그 상대적 중요성에 관하여 이야기 한다면 이는 아주 재미있는 논쟁

거리가 될 수 있다. 생각이나 의견 혹은 그 실질적인 행동과 관련하여 서로 다른 내용들을 내어놓을 것이기 때문이다. 위의 16가지 리더십 특징들은 제각각 나름대로 가치 있고 변하지 않는 근원적인 내용들을 포함하고 있다고 말할 수 있다.

이러한 자질들 하나하나를 모두 제대로 알고 음미한다면 이들은 모두가 하나같이 중요한 것이며, 그 어느 하나도 무시할 수 없는 것들이기에, 유독 어떤 하나만을 강조할 수 없게 된다. 하나하나의 블록들이 모여 리더십이라고 하는 유기체를 형성하는 것과 마찬가지라고 볼 수 있다. 사람이라는 유기체는 그 사람의 인격 안에서 이루어지는 것이어서, 그 사람의 내부에 존재하는 자체의 청사진에 따라 만들어지는 것이라고 볼 수 있는 것이다.

이제부터 훌륭한 리더가 갖추어야 할 덕목들을 상세하게 살펴보도록 하자.

충성심

장교가 지니고 있어야 할 덕목 가운데 충성심보다 더 중요한 덕목은 없다고 할 수 있다. 충성심은 진실한 마음으로, 자발적으로, 그리고 어떤 근원에 대해 끊임없이 헌신함을 의미한다.

이는 이기적이 아닌 이타적인 행위를 말하는 것으로써 일반인들이 자기 개인적으로 좋아하거나 좋아하지 않거나, 개인의 희망사항이나 욕망 또는 개인적 관심에 따라 쟁취하고자 하는 내용 혹은 성질과는 판이하게 다르다.

충성심은 해군장교에게 있어서는 물론 장교가 되고자 하는 사람에게 있어 가장 중요한 덕목이다. 육군이나 해병대 혹은 해안 경비대 등 다른 군에서 근무할 경우에도 마찬가지겠지만, 해군에 근무할 때 가장 중점을 두는 단어는 (국가에) '봉사' 한다는 것이다.

여기서 가장 주안점을 두어야 할 것은 자신의 조국을 위해 봉사해야 한다는 것이다. 군에서 근무하는 근본 이유 또한 '봉사' 한다는 것이다.

해군에서의 근무는 우리가 수행하는 업무의 중요성이나 업무량에 따라 상응한 보상을 받기 위한 것이 아니라는 것을 알아야 한다. 그것보다는 어떤 근원적인 사항에 대한 헌신이라는 사실이다.

근무에 대한 대가를 받는다고 생각해서는 안 되며, 주어지는 보상은 우리가 하루하루를 살아가는데 필요한 생활을 위한 것이요 또한 우리의 권위를 유지하면서 책임을 수행하기 위하여 먹고 입는데 필요한 (최소한의) 것이라는 것을 인식해야 한다.

이와 달리 만약 어떤 개인적인 목적을 갖고 그 보상을 바라면서 그 임무를 수행한다면 그 실망감이 적지 않을 것이며 이로 인해 의기소침해지면서 맡은 일을 자꾸 미루거나 적당히 수행하게 될 것이다. 옳은 일을 행함에 있어서는 그에 걸 맞는 보상이 바로바로 주어지지 않지만 잘못한 일에 대하여는 비난이 쏟아진다.

그러나 우리가 살아가면서 (해상근무 또는 육상근무를 하든지 혹은 그 어떤 근무를 하든지 간에 해군에서 생활해 나감에 있어) 확고한 목적을 갖고 있다면 그러한 실망이나 낙담은 생겨나지 않는다. 목적을 갖고 생활한다는 것은 그 근본을 위하여 일하는 것이 되기 때문이다.

업무의 결과가 나올 때마다 합당한 금전적 보상이 이루어지지 않을 지라도, 궁극적으로는 우리가 수행하는 업무에 대한 '평판'을 쌓게 된다. 우리는 우리의 업무를 보다 주의하여 수행할 것이며, 복장을 더 단정하게 유지함은 물론 마음 자세를 더 바르게 하며 생활하게 될 것이다. 이렇게 하지 않는다면 제복에 대하여 먹칠을 하며 살아가는 꼴이 되고 만다. 이기적인 마음을 버리고, 충성된 마음으로 해군에서의 생활을 시작하는 장교들은 진급에 대한 이기심을 갖지 않게 된다. 이기적인 마음으로 군 생활을 한다면 그 생활이 끝날 때는 결코 아무 것도 남지 않는다.

충성심에는 두 종류가 있다. 하나는 자신의 상관에 대한 충성심이요, 다른 하나는 자신의 부하들에 대한 충성심이다. 우리는 우리의 상관뿐 아니라 부하들에게도 충성해야 한다.

부하들에 대한 충성심이 상관에 대한 충성심을 낳는다.

이 말은 반드시 명심해야 한다. 이는 해군 생활을 함에 있어 가장 중요한 사실이다. 그 어떤 조직에 있든 간에 상관 및 부하에 대한 두 가지 충성심을 유지한다면 우리에게 주어진 공통적인 목표 혹은 계획을 수행함에 있어 강한 열의를 유지할 수 있게 된다.

충성심 가득한 장교에게 주어지는 명령은 곧바로 수행해야 할 지상명제이기에 하급자의 적절한 건의나 감정 호소력보다 더 우선하는 것이다. 또 만일 하급자가 지시 사항에 대한 업무를 잘못 수행하였을 경우에도 책임은 상급자가 지도록 되어있다.

물론 자신이 직접 수행한 업무는 말할 것도 없고, 해당 업무를 잘 해낼 수 있다고 믿는 하급자를 시켜 수행하더라도 책임은 상관이 지게 된다. 사실 충성심 있는 장교는 자기 스스로에게 확신이 서지 않는 일을 부하에게 시킬 때 고충을 느끼게 된다. 하지만 장교 자신의 태도와 마음가짐에 따라 상관으로부터 받은 지시를 즐거운 마음으로 그리고 온 전력을 다하여 수행할 수 있다.

어떤 부서장이나 초급 장교의 충성심을 예리하게 평가할 수 있는 방법 중 하나는 함장이나 부장으로부터 시달된 달갑지 않은 명령을 부하에게 어떻게 전하는지 이를 살펴보는 일이다. 함장이나 부장이 시달하는 명령 중에는 상부로부터의 혹은 규정에 의한 것들이 있기 마련이다. 그러나 이 때 지시사항을 수명한 장교가 그 일을 수행할 부하에 대하여 동정심을 갖고 접근한다면 이는 매우 위험한 일이다. 이러한 일은 결코 충성스럽지 못한 행위다. 부하들은 이를 금방 알아차린다. 그 충성스럽지 못한 장교는 자기 스스로는 물론 그의 부하들로부터도 존경을 받지 못하게 된다.

우리가 우리 자신을 잘 관찰하여 보면, 우리는 상관으로부터 수명 받은 명령을 너무 자주 곱씹어보는 경향이 있다는 것을 알게 된다. 상관이 우리의 생각을 잘 받아들이면 우리는 아주 충성스런 사람이 된다. 만약 그렇지 않다면, 우리는 상관을 그다지 좋은 사람이라고 평가하지 않는다.

여러 가지 수명 받은 사항 중에서도 수긍하는 부분에 대해서만 열심히 업무를 수행한다면 우리는 아주 좋지 못한, 그리고 믿을 수 없는 부하가 되고 만다. 이런 사람이라면 전쟁 중 지휘관 역할을 대행해야 할 경우 어떻게 그 함정을 이끌고 나가겠는가?

부하에 대한 충성이 상관에 대한 충성을 낳는다. 당신 부하에 대하여 자부심을 느낀다고 말하라. 그 어떤 역할을 맡든 관계없이 상관에 대한 충성이 성공을 위한 필수 사항이듯, 부하에 대한 충성 또한 필수사항이다. 부하와 상관 사이에 상호 감정의 교류 없이는 충성심이 생겨나지 않는다.

가장 좋은 조건에서는 맹목적인 복종을 하겠지만 그렇지 않은 경우에는 전혀 복종하지 않게 될 것이며 혹은 다른 여타 분야에 대하여는 관심도 갖지 않게 된다. 장교로 근무하면서, 부하들의 충성심이 보이지 않는다고 생각되면, 그 원인이 장교 자신에게 있는 것은 아닌지를 자문해 보아야 한다.

만약 장교가 부하들에게 불손하게 대하면 부하들 또한 마찬가지로 그 장교에게 충성하지 않게 된다. 그렇다고 해서 부하들을 나무랄 이유는 전혀 없다. 그러한 사실을 상관에게 보고할 수도 없으며 다른 많은 사람들에게 하찮은 이유를 늘어놓을 수도 없기 때문이다.

당신이 상관을 대하는 것과 같이 부하로부터도 마찬가지 대우를 받게 될 것이라는 점을 기억해야 한다. 부하들은 응당 이러이러해야만 한다고 생각한다면 그건 그릇된 판단이다. 이런 생각은 인간적이지 못하다. 그보다는 부하들도 그들의 명예를 유지할 수 있도록 그들에 대한 기대치 기준을 높이고 아울러 다른 사람들과 함께 더불어 일할 수 있는 여건을 마련해 주어야 한다.

장교라면 혹은 군 생활을 천직으로 근무할 사람들이라면 넬슨 제독의 일생을 연구하는 것이 큰 도움이 될 것이다. 지금까지 충성심에 관하여 가장 훌륭한 모범을 보여준 사람은 바로 넬슨 제독이다.

자신의 상관에게는 물론 자신의 부하에 대한 그의 충성심은 우리에게는 더할 수 없는 자극이 된다. 그는 결코 자신의 부하에 대하여 나쁘게 말하는 일이 없었다. 어느 날 한 대령이 자신의 함정에 근무하는 젊은 장교에 대하여 좋지 않은 평을 하자 넬슨 제독은 다음과 같이 말하였다.

그 장교를 저희 함정으로 보내주십시오. 내가 그를 품위 있는 장교로 만들어 보겠습니다.

항상 강조하는 바지만 충성심은 군 생활의 성공을 보장하는 가장 핵심적인 사항이며, 이러한 충성심을 배가시키기 위해서는 먼저 자신이 수행하는 일을 확실히 파악하는 일이다.

"넬슨과 함께 전우애로 똘똘 뭉쳐진 사람들!" 충성심에 대해 아무리 많은 말을 늘어놓더라도 이 짧은 말 한마디보다는 못한 것이 되고 만다. 어느 날 심야에 그들이 함께 모여 맹세하는 장면을 상상해 보라. 그 팀의 함장인 넬슨은 수장으로서, 모든 대원들에 둘러싸인 가운데 계획을 입안하고 중지를 모으며 서로가 서로를 도우며 영국의 장래를 함께 걱정한다. 그 곳에는 맹목적인 복종이 존재할 수 없다. 그들은 서로서로 도우며 협력하는 분위기에서 모임을 진행한다. 그 자리에는 어떠한 독선적 명령이나 맹목적 복종도 존재할 수 없다.

단순성

" 허풍이 가득한 사람 혹은 속이 텅 비어있는 풍선을 생각해 보라. 어느 날 핀 하나만 살짝 대면 터져 버릴 것이고 그러면 참으로 어이없고 불쌍한 몰골을 보일 것이다. 이것이 주는 교훈은 무엇인가? 주변의 많은 것들을 단순화시켜야 한다. **"**

단순함은 다른 여러 가지 특징들보다는 덜 중요한 것이긴 해도 위대한 사람임을 알리는 징표다. 더 큰 사람일수록 그리고 더 세련된 사람일수록 한층 더 단순한 삶을 살아간다. 내가 몇몇 장교들에게 사람 관리를 제대로 하기 위한 비밀은 무엇인가를 물어보았을 때 가장 흔히 나오는 답은 바로 "좀 더 겸손한 사람이 되는 것이며 또한 상식에 근거하여 생활하는 것"이었다.

삶을 단순하게 만들어야 한다. 경건한 표현을 사용하여 엄숙한 모습을 보이거나 혹은 냉담한 표정으로 말미암아 감히 그 누구도 감히 접근해 보려고 하지 않는 장교에게는 사병들이 즉각적으로 협조하지 않으며, 혹은 전력을 다하여 협조하지도 않는다.

그러나 젊은 장교들은 이러한 단순함을 유지하기 위해서 자칫 자신의 성실성이 제대로 인정받지 못하는 경우가 생기지 않도록 조심해야한다. 즉 어디서 맺고 끊을 것인가에 대하여 자신의 선의와 분별력을 잘 발휘하도록 해야 한다는 의미이다.

이와 관련한 지침 중 하나를 말한다면 (단순함으로 인하여) 업무와 연관된 결과로 인하여 곤경에 처하지 않도록 일을 처리해야 한다는 것이며 아울러 군기를 해치는 결과를 일으키지 않도록 조심해야 한다는 점이다.

젊은 장교들의 성공을 가로막는 것 중 하나로 가장 조심해야 할 부분은 '겉치레' 또는 '허식'이다. 자기 업무를 부풀려서 말하게 되면 자신이 그동안 세운 여러 다른 공적들을 허물어버리는 결과를 초래하게 된다. 조금이라도 생각이 있는 사람이라면 비록 해당 분야에 경험이 없다고 하더라도 누가 겉치레에 강한지를 안다.

중용을 지키면서 조용하고 성실하게 또한 겸손하게 상대방을 대하는 것이 훌륭한 사람들 내지는 여러 가지 경험을 쌓은 이들의 특징이다. 자기 자신이 곧 중요한 사람이라고 떠들어대는 것도 위험하다. 그렇게 한다면 부하에게 돌아가야 할 공적을 자신에게 돌리는 결과를 자초하게 된다. 응당 부하를 먼저 배려해야 할 사안도 자신을 먼저 앞세우게 되며 이로써 스스로를 배신하는 결과를 낳기 때문이다.

엠파이어 스테이트 빌딩과 같이 높은 건물에 올라가 그 곳에서 자기 아래로 보이는 사람들을 바라보는 것도 좋을 것이다. 그들은 개미 정도의 크기로 보일 것이며, 별로 중요하지도 않게 보일 것이다. 이들을 쳐다보면서 자신을 이 세상에 비유해 보면 자신이 얼마나 보잘것없는 사람인가를 느끼게 된다.

자신이 대단한 존재라고 느꼈던 생각도 더 멀리 떨어져서 보면 (하느님의 눈으로 보면) 얼마나 부질없는 것이었는지 알게 된다.

자기 절제

　자신을 통제할 줄 아는 능력은 장교가 지녀야 할 가장 중요한 자질 중 하나다. 자신을 통제할 수 있어야 다른 사람들을 통제할 수 있다. 이에 대해 밀러 소령은 다음과 같이 말한다.

　　다른 사람을 통제하기 위해서는 먼저 자신을 통제해야 한다. 무엇보다 우선하여 자기 스스로의 의지를 통제할 수 있어야 하는 것이다.

　이는 자신의 동물적 본성을 극복해야 한다는 뜻이다. 사람들은 스스로를 통제할 줄 아는 인물이 누구인지를 금방 알아차린다. 아무런 무장도 없이 정글에 들어가 그 곳 동물들을 길들일 줄 아는 사람은 이미 자기 자신을 통제할 줄 아는 사람이다. 어떤 사람은 아무도 올라타지 못하는 말 위에 올라가 그 말을 굴복시키고 자신의 마음대로 조종하였다는 옛 이야기도 있지 않은가?

이러한 일은 직접 손을 사용함으로써 되는 일이 아니다. 남을 통제할 수 있는 사람은 본능적으로 강인하면서도 온유한 특성을 갖고 있는데 다른 사람들 혹은 동물들조차도 이러한 면을 금방 알아보고 복종하게 된다.

훈련 중이거나 혹은 여타 과업 중에 발생하는 다른 사람들의 잘못에 대하여 자신의 감정을 억제하지 못하고 호통 치는 사람들은 그만큼 자신에게 돌아오는 희생을 감수해야 한다. 조급한 성질로 남을 비방하면 비방한 만큼의 대가가 되돌아오기 마련이다.

자신을 통제할 수 있게 되면 이는 곧 자기 신뢰를 낳고 냉철함과 자기 확신으로 이어지게 된다. 이에 대한 프랑스의 철학자 드니 디드로(Denis Diderot)의 견해를 살펴보자.

모든 상황에서 자신의 표정, 목소리, 행동을 정리할 줄 아는 사람은 그가 원하는 대로 다른 사람을 부리게 된다.

자신의 성질을 제어할 수 없는 사람에 대하여 우리는 품위 있는 사람이라고 말하지 않는다. 오히려 균형이 덜 잡힌 사람이라고 일컫게 되는 것이다. 이해 대하여 로버트슨은 다음과 같이 말한바 있다.

> 확신이 있는 사람은 두 가지 특성을 동시에 갖고 있다. 그 하나는 의지력이요 다른 하나는 자기 통제력이다. 이러한 특성을 겸비하기 위해서는 두 가지가 필요한데 그 하나는 강한 인상을 심어줄 수 있어야 한다는 것이며, 다른 하나는 다른 사람을 강력하게 통제할 수 있어야 한다는 것이다. 자기 자신이 아래 사람들에 대하여 얼마만큼 강인한 면모를 보여주는가를 측정하는 것이 아니라, 자신의 통제 하에 있는 각 개인들이 위 두 가지 측면을 얼마만큼 갖고 있는가를 측정해 보아야 한다.

　　자기 통제 능력이 뛰어난 사람들은 항상 조용하면서도 비상 상황에 잘 대처하고 있다. 그들은 자신감을 잃지 않고 있으며 항상 깨어있다.

또한 자기 주변의 사람들이 어떤 사항에 대하여 강하게 주장하더라도 쉽게 동조하거나 휩쓸리지 않는다.

자신의 통제력을 잃어버리는 사람, 자신의 무기력함을 탓하기보다는 개인적 욕구가 충족되지 않는다고 불만하며, 자신의 감정을 억제하지 못한 체, 이를 오히려 부하들의 탓으로 돌리는 사람은 다른 사람을 통제할 줄 모르는 무능력한 사람이다.

이런 사람들은 자기 자신을 스스로 멍청한 사람으로 전락시켜 버린다. 큰 소리를 지르지 않도록 하라. 남을 탓하거나 조롱하거나 악의로 대하지 않도록 하라. 그렇게 할수록 당신의 부하들에 대한 통제는 더욱 힘들어질 뿐이다. 소리를 크게 지르는 만큼 많은 것을 잃게 된다.

재치

❝ 재치는 인간관계를 유지시키는 윤활유다. 부하를 관리함에 있어서

재치는 필요 없다고 생각하는 사람은 아마도 섹스턴트(위치 지시기)

를 작동시키기 위해 멍키스패너로 망치질하는 사람과 같다. **❞**

많은 사람들은 재치를 단순히 유쾌한 것, 굴복하는 것, 표현의 일부,

예의 있는 행동 따위와 연관시킨다. 하지만 재치는 그런 것이 아니다.

대부분의 경우, 재치가 있는 사람은 공손하다고 생각하기 쉽다.

그러나 재치가 있다 해서 항상 예절바른 행동을 할 것이라는 생각은

오판이다. 오히려 예절바른 사람들은 섬세한 감정을 잘 표현하지 못한

다. 재치는 단순한 예절보다도 훨씬 섬세한 감정이며, 옳고 정직한 것에

대하여 즉각적으로 또는 직관적으로 감사를 표현할 줄 아는 능력이다.

재치는 도덕적인 측면과 관련이 많다. 즉 황금률과 흡사한 것으로 나

자신을 다른 사람의 입장에서 고려할 수 있는 능력이다. 재치 있는 사람이 되기 위해서는 행위의 결과로 나타나게 될 감정이나 경험을 고려한 세심한 관심이 필요하다. 상대방이 왜 그러한 행위를 하는지에 대한 동기를 읽을 수 있어야 하며, 상대방의 감정을 상하게 하는 언행을 하고 있는 것은 아닌지 등에 대하여 깊이 생각해 보아야 한다.

재치는 경험으로 인해 더욱 성숙해지는 것이며, 자신을 좀 더 낮춤으로써 얻을 수 있게 되고, 재치 없는 (혹은 재치 있는 사람) 사람이 어떤 식으로 상대방을 대하고 있는가를 관찰함으로서도 얻을 수 있다. 이에 대해 생크(Shank) 대장은 다음과 같이 말한바 있다.

장교의 중요한 자질들 중 재치보다 더 중요한 것은 없다.

군 생활과 관련지어 본다면 재치는 주어진 과업을 언제 어떻게 해야 할지를 아는 지식이요, 또한 이들을 평가할 줄 아는 능력인 것이다. 한 개인의 인간성을 평가하는데 있어 최고도의 지식이 되는 본질이 바로 재치다.

재치가 있는 사람은 자기 부하를 어떻게 다루어야 하는지를 잘 알고 있다. 오늘날 군에 근무하는 많은 장교들 중에 경험이나 군사적으로 유용한 지식은 많이 갖고 있으나 재치 부족으로 인하여 좋지 못한 평가를 받는 사람들이 더러 있다.

또한 재치는 군사 관련 업무들이 원활히 진행될 수 있도록 해주는 윤활유다. 재치가 부족한 사람의 주변에서는 불협화음 혹은 듣기 민망한 잡음들이 자주 들려온다. 많은 경우 군에서의 제반 과업들이 성공적으로 수행되기 위해서는 시간이나 장소 혹은 주변 상황이 잘 고려되어야 한다. 언제 어떤 과업을 진행해야 하는지에 대하여 충분한 지식을 갖고 있지 않은 상태에서 이를 집행하게 되면 실패하기 십상이다. 갑판장, 함장, 위관 장교, 또는 부장과 함께 일하는 부서장들은 과업을 진행할 때 재치를 발휘하는 것이 중요하다는 것을 느끼게 될 것이다. 그리고 혹 휴가를 갈 경우에도 자기 부인 혹은 담당 관리인을 대할 때에 우리는 재치가 매우 유용한 덕목 중에 하나임을 느끼게 될 것이다.

힘과 열정 그리고 인내력

우리는 흔히 똑똑하지만 에너지가 부족하여 그 어떤 일도 완수하지 못하는 사람들을 자주 보게 된다. 또한 똑똑하지는 않은 것으로 보이지만 끝없는 열정으로 성공을 이루는 사람도 보게 된다.

그러나 이러한 두 가지 특성, 즉 똑똑함과 열정을 함께 지니고 있는 사람을 볼 때 그는 반드시 탁월한 사람임을 느끼지 않을 수 없다.

시저, 스웨덴의 찰스 7세, 프레더릭 대왕, 프랭클린, 루즈벨트의 경우를 살펴보자. 잘 아는 바와 같이 이들은 강인한 체력을 바탕으로 열심히 일한 사람들이었다. 전쟁 중 시저는 전쟁의 승패가 달려있는 아주 어려운 기술을 요하는 임무를 맡았으나 잘 수행해냈다. 찰스 7세는 고되고 힘든 작업을 좋아하였으며 어떤 고통도 참고 넘길 수 있는 능력을 갖고 있었다. 나폴레옹은 취침 후 모든 정신적인 문제들을 해결하였으며 어릴 적부터 아주 열심히 자신의 일에 열중하였다.

해군의 첫 번째 영웅이라 할 수 있는 존 폴 존스는 어릴 적부터 자기 자신을 연마하고 그가 평생 직업으로 선택할 해군과 관련된 많은 내용들을 섭렵하였다. 함대를 건설하고 또한 이동시킴으로써 레이크 에리 (Lake Erie) 전투에서 영국을 물리친 페리의 근면성과 결단력은 급기야 미국의 역사를 바꾸어 놓았다.

포지 계곡에서의 추위와 식량 부족, 의복을 포함한 여러 가지 생필품 또한 절대 부족한 상태를 극복하고 전쟁을 승리로 이끈 워싱턴 장군의 인내력과 대담성은 너무나 유명한 것이기에 더 이상 주석을 달지 않겠다.

자신이 하는 일에 대해 에너지와 열정을 기울이기 위해서는 먼저 야망과 관심이 있어야 한다. 또한 야망과 관심에는 정신적 혹은 영적 부름이 있기 마련이다. 이 분리시킬 수 없는 요소들을 만들어내며 지속적으로 공급하는 업무, 이것이 바로 리더가 수행해야 할 일이다.

어떤 사람이 열정을 갖고 업무에 임하면 이는 곧바로 그 조직원 전원에게 감염된다. 그 감염 속도는 홍역의 경우보다 더 빠르다. 모범적 행동을 보이면 이는 곧 조직원들의 무의식 속에 각인된다.

조직원들을 향한 사랑, 염려, 애국심에 근거한 행동들은 그들의 의식 속에 그대로 남는다. 마지못해서 하는 일 혹은 의무감 때문에 하는 일에 비하여 자신들이 하고자 하는 일을 기쁜 마음으로 혼신의 힘을 바쳐 하는 일은 엄청난 차이가 있기 마련이다.

사람은 자신의 패배를 인정하기 전까지는 결코 패배하지 않는 법이다. 이 말이 사실이라면 강인한 인내력을 갖고 있는 사람은 결코 패배하지 않게 된다. 인내력 혹은 한 가지 사안에 몰두할 줄 아는 능력을 완고함에 비유하는 것은 옳지 않다. 어떤 일을 끈기 있게 해 나간다고 해서 많은 사람들이 항상 좋아하는 것은 아니다.

그러나 중도에 하던 일을 그만두는 사람에 대하여는 그 누구도 좋아하지 않는 법이다. 비록 뜨거운 물에 빠져야 할 상황이 되더라도 일단 시작한 일은 끝장을 보아야 한다. 물론 확실히 잘못된 방향으로 향하고 있지는 않아야 한다. 방향이 잘못되어 있다는 것을 알게 되면 즉각 이를 시정해야 하며 잘못한 점은 기꺼이 인정해야 한다.

어떤 사람의 열정에 관하여 말할 때 우리는 그 사람의 신체적 건강의 여부에 치중하게 된다. 해군 장교에게 있어서 건강은 아주 중요하며 따라서 신중히 고려해야할 요소다. 좋은 공기를 마시며 적당한 양의 운동을 하면 최상의 건강 상태를 유지할 수 있다.

그러나 불행하게도 출동 중에는 운동하기에 적합한 여건이 마련되지 않는다. 이런 경우에는 운동 대신 특별한 게임을 즐기는 것이 좋을 것이다. 날씨가 따뜻하고 여건이 허락되면 수영을 하는 것도 한 방편이 될 수 있다.

수영과 관련하여 나의 영국인 친구들이 이야기하는 교훈을 적어볼까 한다. 대함대(Grand Fleet) 또는 퀸스타운(Queenstown)의 구축함 관련 경험이 있는 사람들은 영국 해군장교들이 자주 즐기는 '함상 하키(deck hockey)', '볼 밀어내기(push ball) 게임', '권투', 그리고 일상 갑판에서의 '거친 말(rough horse) 게임'을 잘 알고 있을 것이다.

이러한 게임 중의 일부는 함정 내 대령, 심지어는 장성들까지도 함께 할 수 있는 것들이다. 해군의 젊은 장교들은 운동을 훨씬 더 잘할 것이다. 그러나 조금 나이가 많은 중년 혹은 장년층 장교들의 경우에는 그렇지가 못하다. 왜냐하면 젊은 시절에는 생도 때와 같이 부지런히 운동을 하지만 나이가 들어가면서 운동을 제대로 하지 않기 때문이다.

공교롭게도 함정 근무 장교들 중에서도 부지런히 운동을 하며 열심히 게임에 참가하는 이들은 대부분 대원들로부터의 인기도 높고 아울러 함정 내의 사기와 군기도 곧잘 높인다.

항상 발을 움직이며 운동하는 사람은 사기가 충만하다.

마지막으로, 스스로의 능력을 좀 더 키우고 조금의 에너지라도 더 내고자 한다면 우리는 지금 하고 있는 일에 관해 흥미를 느껴야 한다. 우선 이를 위해서는 정신적 자극이 필요하다.

열정과 흥미는 사랑, 염려, 애국심 등과 같이 다양한 인간 본능에 바탕을 두고 행동할 때 느끼게 되는 감정이다. 기관실에서 석탄을 때다가 지친 수병은 한 밴드 조직이 열성적으로 연주하는 생음악만으로도 충분히 그 원기를 되찾을 수 있게 된다.

음악에 완전히 몰입함으로써 다른 부서에서 근무하는 대원보다 더 열심히 해야겠다는 생각을 갖게 되고 이는 곧 더 많은 석탄 관련 작업을 하게 만든다. 마지막 석탄 작업이 끝나고 지친 몸을 이끌고 침실로 갈 때 혹시 화재 경보가 울리더라도 그를 곧장 현장으로 달려가게 한다. 비록 지치고 힘든 몸이지만 시급한 부름에는 곧장 달려가게 되는 것이다.

열정은 흔히 흥미와 비슷한 것으로 보이기도 한다. 하지만 열정은 지구력을 더 높여줌으로써 자신이 맡고 있는 일에 더 많은 에너지를 쏟아붓게 한다. 아울러 열정은 장교가 지니고 있어야 할 훌륭한 자질 중의 하나이다.

열정은 작업을 놀이로, 힘든 일을 즐거움으로, 또한 실패를 성공으로 바꾸는 원동력이다. 무엇보다 중요한 것은 열정이 많은 일을 가능하게 만든다는 점이다. 이를테면 열정이 있는 부하들은 주어진 과업을 의무로써 수행하는 것이 아니라, 의욕을 갖고 즐겁게 그리고 확신에 찬 모습으로 일을 수행하게 되며 이는 엄청난 차이를 가져온다.

또한 열정은 사기와 같은 의미를 갖는 단어다. 평범한 사기를 유지하는 대원들은 다소 애매하거나 그다지 의미 없는 행동을 하는 경우가 많다. 그러나 대원들을 향하여 지금 우리들에게 주어진 과업은 해군의 발전과 전쟁에서의 승리를 보장하기 위한 것이며, 나아가 조국에 충성하는 일이기 때문에 함정이건 혹은 어디에서건 자신에게 주어진 임무에 최선을 다해야한다는 사실을 주지시킬 때 그들은 장교를 이해하고 따르게 된다.

건강과 힘, 그리고 열정과 승리를 향한 확고한 의지를 갖고 있는 사람은 여러 가지 난관들도 재미로 여긴다. 이에 관해 키플링(Kipling)은 다음과 같이 표현하고 있다.

마음과 신경 또는 근육 조직이 그 운명을 다하더라도 또다시 계속 활동할 수 있도록 그들을 잘 관리하고자 한다면, 이제 비록 더 이상 움직이지 않는 부하들일지라도 부둥켜안고자 노력하여라. 당신의 의지는 '계속 움켜지고 있어라' 하고 명령하고 있음을 상기해야 한다.

상식, 판단, 통찰력

상식은 일상적인 여러 면에서 건전한 판단을 할 수 있는 능력을 뜻한다. 이에 반해 통찰력은 어떤 사실을 인지하거나 식별하고 추론하며 또한 차이점을 분석할 줄 아는 날카로운 특성을 일컫는다.

즉 통찰력은 알고 있는 사실로부터 시작하여 해당 상황을 분석해내는 능력, 어떤 징후로부터 나오는 상황을 감지하는 능력, 나아가 상황을 추론하여 적시에 관련 대책을 세우고 행동하는 능력을 말한다.

통찰력은 어떤 부하들이 어떤 환경 하에서 어떤 능력을 잘 발휘할 수 있는가에 대한 '직감' 혹은 '감지 능력'이다. 통찰력을 계발하기 위해서는 독서를 하거나 관련 내용을 연구하고 분석적인 사고 능력을 키우며 아울러 많은 경험을 축적해야 한다. 올바른 판단력을 유지하는 일, 즉 해박한 상식을 갖추는 일은 높은 수준의 통찰력을 유지하는 배경이 된다.

상식에 근거하여 수행하는 업무는 가장 단순한 일이 되며, 결과 또한 크게 기대할 수 없는 경우가 많다. 계속적으로 군기를 위반하기 때문에 더 이상 기대할 수 없는 부하 혹은 정신적으로 미숙한 젊은 부하에게 체벌을 가하는 것은 상식에 어긋난 행위이다.

그런 사람에 대하여는 개선의 여지를 마련해 줌과 동시에 다른 조직원들에게 피해가 되지 않도록 군복무를 면제시켜주어야 할 것이다. 그러나 이런 획기적인 조치를 취하기 전에 관련 내용을 조사하고 그러한 행위를 하는 이유가 무엇인지를 정확히 파악하는 것이 순서이며 상식이다.

상식에 따라 행동하는 것이 올바른 일이라는 것은 우리 모두가 알고 있는 진리다. 큰 테두리에서 볼 때, 상식에 의거하며 건전한 판단을 하는 것은 얼마만큼 효율적으로 과업을 수행하는 장교인가를 평가하는 잣대가 된다.

근면성

근면성은 개인의 정력 내지는 인내력과 밀접하게 관련된다.

'근면하다' 는 말은 자신을 내던지면서 부지런히 그리고 열심히 주어진 과업을 수행하고 있을 때 하는 말이다. 해군에서 몸담고 있으면서 근면하지 않고 성공한 사람은 아무도 없다. 이는 곧 부단히 연구하고 끊임없이 노력해야 함을 의미한다.

사람들은 대개 해군사관학교를 졸업한 사람들에 대하여 "그들은 여러 가지 책을 많이 읽고 기본을 쌓아 잘 교육받은 사람"이라고 인식한다. 그러나 이는 전혀 사실이 아닌 것으로 드러날 수 있다. 그보다는 이제 막 교육이 시작된다고 말하는 것이 더 나을 것이다. 생크(Shanks) 대장은 다음과 같이 말한바 있다.

나폴레옹과 같은 위대한 지도자는 동시대에 태어난 다른 사람들과는 달리 천부적인 재능을 이미 갖고 있었다고 생각하는 사람들이 많다. 그러나 이는 사실이 아니다. 실제 나폴레옹이 그만한 명성을 얻은 것은 오직 매사를 열심히 해낸 결과라는 것을 알아야 한다. 그는 젊은 시절에 다른 동료들과는 달리 끊임없이 책을 읽었으며, 중요한 내용은 수시로 노트하면서 이를 자신의 생활에 적용시켜나가는 노력을 게을리 하지 않았다.

훗날 그는 자신이 여러 가지 복잡한 상황에서도 군 내부의 원칙과 관련한 여러 내용들을 제대로 적용시킬 수 있었던 것은 문제점들을 끊임없이 생각하며 고민했었기 때문이었다고 말했다. 성공한 여러 장교들과 마찬가지로 나폴레옹 또한 끊임없는 노력의 결과로 성공할 수 있었던 것이다. 한 젊은 장교로부터 편지를 받은 나폴레옹은 다음과 같은 답장을 썼다.

오늘날의 젊은 장교들에 대해 실망스러운 느낌을 말하려니 슬퍼집니다. 젊은 장교들 중에 해군이나 자신 본연의 업무와 연관된 책을 읽거나 이를 연구하는 장교들을 거의 보지 못했습니다. 이들은 자신이 활용할 수 있는 시간 중 4분의 1에 해당하는 시간에 자신이 지금 하고 있는 일이나 과거 미 해군에서 일어났던 일, 혹은 외국에서의 유사한 사례 등에 관한 책을 읽기보다는 잡지책이나 읽으며 소일하고 있는데 이러한 잡지 등에 소모하는 시간은 조만간 엄청난 양으로 불어나게 될 것으로 보입니다. 나는 사관실 내의 서고에 있는 책들이 얼마나 중요한 것인가를 사관학교를 졸업한지 5년 후에야 비로소 알게 되었습니다. 그래서 나는 책을 읽기 시작했지요. 장성이 될 때까지 나의 소망은 최고의 독서가가 되는 일이었습니다.

진지함

진지함은 연관된 업무 수행을 위하여 성실히 노력하고 있음을 의미하며 아울러 어떤 일에 몰두한다는 의미를 지닌다. 장교는 연구할 때나 놀 때나 항상 진지해야 한다. 심각한 태도로 임한다고 해서 항상 진지한 것은 아니다.

진지함은 무관심 또는 반쪽 관심을 갖는 그러한 태도와는 반대되는 의미를 지닌다. 열심히 어떤 일에 몰두하는 것과 마찬가지로 진지한 자세 또한 전염되는 것이어서 지도자가 진지한 태도를 보이면 부하들 또한 진지한 태도를 갖게 된다.

부하들이 속한 부서에 대하여 혹은 그들의 포대나 병기 등에 대하여 지휘관이 진지한 태도로 임하며 관련 업무에 열정을 다하고 있다는 사실을 알게 되면, 그들은 그 어떤 것보다도 지휘관이 바라는 바를 우선 고려하여 과업을 진행하게 된다.

출동을 가고 싶다거나 병사(兵舍)를 떠나고 싶은 개인적 충동이 있다고 하여도 지휘관이 바라는 관심 사항을 그 어떤 것보다도 우선하여 과업을 실시할 것이며 지휘관을 존경할 것이고 아울러 열심히 일하게 될 것이다.

그러나 만약 지휘관이 훈련에 대한 관심이 부족하거나 병사의 청결·정돈에 대하여 별다른 관심이 없고 부하들이 편안한 마음을 갖지 못하게 하면서 자기 계급장이나 자랑하거나 뽐낸다면, 그들은 지휘관을 잘 보좌하려 들지 않을 것이고, 뿐만 아니라 잘 보좌하더라도 좋지 못한 결과를 얻게 된다.

정의심

정의심은 부하들을 지휘하고자 하는 사람이 지녀야 할 매우 중요한 요소다. 부하들로부터 얼마만큼의 존경을 받게 될 것인가는 부하들이 자신의 지휘관에 대하여 느끼는 정의심 혹은 공정한 정도에 달려있다.

지휘관이 공정하지 못하고 사사로움에 따라 행동하는 것은 그 어떤 것보다도 더 빨리 부대를 비윤리적인 조직으로 만든다. 수병들이 자신의 상관에 대한 존경 여부를 언급할 경우 가장 우위에 두는 요소 중의 하나가 바로 지휘관의 정의로움이다.

자기 부하들 중 누구를 좋아하건 좋아하지 않건 관계없이 정의롭게 행동하는 것이 지휘관의 본질적 특성이라 말할 수 있다. 부서장은 편견에 사로잡히거나, 편애하지 말고, 사사로운 감정을 넘어서는 행동을 보여주어야 한다.

밀러 소장이 쓴 리더십 책자에는 다음과 같은 문구가 있다.

정의심은 엄격하다거나 독재적 모습을 보인다거나 혹은 약한 자를 괴롭히는 것과는 거리가 멀다. 너무 엄격하게 부하들을 대하면 부대의 사기가 쉽게 꺾여 버린다. 그 반대로 너무 관대하게 혹은 아주 느슨하게 부하들을 대하면 조직이 와해된다.

너그러운 마음으로 함께 할 수 있는 범위 내에서 정의롭게 부대를 운영하는 것이야말로 대원들의 행복을 보장해주는 일이다. 바보 한 사람이 부대를 엉망으로 만들어 버릴 수도 있다. 그러나 머리 좋은 한 사람은 부대를 제대로 이끌어나갈 수 있다.

공정하지 못하고 사악한 마음이 들더라도 확고한 정의감으로 이를 없애버려야 한다. 그래야만 부대를 바른 방향으로 운영해 나갈 수 있게 된다. 장교라면 그 누구라도 군기 위반자의 명부를 작성할 수 있다.

그러나 진정한 장교, 진정한 지휘관은 잘못한 사람을 개인별로 불러 자신의 방식대로 해당자의 잘못을 지적하거나 그에 상응한 벌을 내리고 무엇이 바른 길인가를 알려주며 그들에게 자신이 믿는 바를 심어주도록 해야 한다. 이렇게 하면 십중팔구 그들은 자신감을 잃지 않으면서도 본연의 일을 충실하게 수행하게 된다.

지휘관의 개혁방향을 확실하게 알려주고 또한 이로써 각종 부대의 업무를 성공적으로 수행하기 위해서는 지휘관이 부하들 저마다에 관심을 갖고 있음을 끊임없이 보여주어야 하고, 시간 틈틈이 그들과 대화하는 것이 매우 중요하다.

처음 한두 번 이야기하다가 이를 중단하면 부하들은 자신에 대한 관심이 없어진 것으로 생각하게 된다. 가장 먼저 규율을 어긴 부하에 대하여 어떻게 행동해야 한다든지, 나아가 조그마한 잘못에 대하여도 계속적으로 수정해 주면 나태한 행동을 보이는 부하가 없어지게 된다. 비유하자면 쌀 가운데에서도 필요 없는 겨 부분을 없애버리는 효과를 낼 수 있게 되는 것이다.

대부분의 장교에게 있어서, 비난받지 않는 부하들로 이루어지는 부서를 만들고 관리하기는 그다지 어렵지 않다. 그러나 규율을 지키지 않거나 나태하여 욕먹는 부하들, 즉 좋지 못한 행동으로 인해 비난받는 부서원들의 행실을 제대로 바꾸는 일은 부서장 혹은 장교에게 있어 힘든 과업이다.

정의심은 자신의 직무에 나태한 부하들의 자세를 수정하는 일에만 국한되지 않는다. 정의심은 계급이 높고 권한이 많은 사람들에게도 부하들에게 하는 바와 같이 공정한 기회가 제공되어야 한다는 것을 의미한다.

이는 다시 말해, 어떤 사람에게 기회를 주면 더 높은 수준을 발휘할 수 있음에도 불구하고 계속 한 자리에서 같은 일만 하게 해서는 안 된다는 것을 말한다. 그들에게 주어진 임무라고 해서 갑판 위의 세세한 부분까지도 항상 가지런히 정리해 두기만을 바라서도 안 되며 혹은 야간 당직자의 할 일이 아닌 것까지도 하도록 명령해서는 안 된다는 것을 의미한다.

초급 장교들의 경우에는 자기가 모시는 상관과 개인적인 공감대가 많다고 해서 그 상관의 의도대로 행동하는 일이 발생하지 않도록 조심해야 한다. 상관과 공감하는 바가 많을 경우 그 상관의 관심사에 대하여 성급하게 혹은 무의식적으로 추종하기 쉽다.

그러나 그러한 일이 발생하지 않도록 조심해야 한다. 이러한 무의식적 추종으로 인해 그 부서 내의 많은 사람들이 제대로 따라주지 않게 되며, 그다지 선호되지 않는 상관의 의도를 수행하게 됨으로써 자기 스스로도 내키지 않는 일을 하고 있다는 감정을 갖게 될 것이다.

믿음

믿음은 확신이다. 믿음에는 세 종류가 있다. 자기 스스로에 대한 믿음, 상대에 대한 믿음, 그리고 성취 욕구 달성을 위한 근원에 대한 믿음이 바로 그것이다. 믿음은 타인에게 쉽게 전파되는 성질이 있다. 믿음은 또 다른 믿음을 낳는다. 믿음 그 자체 혹은 스스로에 대한 확신을 가진 사람은 주위 사람으로부터 더 많은 존경을 받게 된다. 확고한 자신감을 가진 사람은 더욱 강력하게 다른 사람들을 통제할 수 있게 된다.

자기 자신에 대하여 얼마만큼 믿는가의 정도에 따라 그 사람이 만들어진다.

자기 스스로 자신을 믿지 못한다면, 나약해지고 굴복하게 되며, 변명을 늘어놓게 된다. 이러한 사람은 주도적이지 못하며, 기력도 없고, 스스로 자신을 박차고 나가지 못한다. 다른 사람으로부터 존경받기는커녕 자기 스스로도 존경할 수 없는 처지에 놓이게 된다.

부하들이 믿어주지 않는 사람은 점점 더 냉소적이고 회의적인 사람으로 변해간다. 이럴 경우 그는 자기 주위의 그 누구도 믿지 않게 되며 누구에게도 충성할 수 없는 사람이 되고 만다. 항상 옆으로 비껴나 있으며, 누군가를 의심하며, 스스로에 대한 진실성을 잃게 된다. 자연히 상관에 대한 충성, 혹은 부하들에 대한 충성을 더 이상 할 수 없게 된다.

자신의 존재 근원에 대한 확고한 믿음은 곧 인생에서의 승리를 보장하는 필수적인 요소가 되는 것이다. 근원에 대한 믿음이 부족한 사람은 충성과는 거리가 먼 일종의 변방 생활을 하게 마련이다. 전쟁터에서 싸우는 사람이 믿음과 확신을 갖지 못한다면, 그 부대의 사기는 저하되면서, 도덕적이지 못한 행위가 만연하게 된다. 또한 성실하지 못한 주변 사람을 만들어내게 되는 바, 이는 곧 패배의 길에 접어드는 것이나 다름없게 된다.

해군에서의 근무, 즉 함대에서나 함정에서나 상관 또는 부서원들과 함께 생활하면서, 자신의 온 마음을 다하여 믿음으로 생활하는 장교는 자신의 마음 자세가 곧바로 그가 속한 모든 대원들에게 그대로 전이되어 나타난다는 사실을 알게 된다.

자기에게만 해당하는 개인적인 이유를 둘러 대며, 해군 생활에 대한 좋지 않은 면을 들추어내는 사람은 자신을 오랫동안 훈련시켜주었고 지원해 준 해군을 욕되게 하는 사람이다. 모든 대원들과 장교들 그리고 수병들이 서로 불신하지 않도록 하기 위해서라도 그러한 행동은 자제되어야만 한다.

믿음은 직무에 태만한 부하들을 관리해야하는 장교의 자질 중 가장 중요한 요소다. 어떤 상관이 자신의 부하에 대하여 "당신은 너무 좋은 사람이라 결코 불성실한 태도를 보일 리가 없다."라고 계속 강조하여 말한다면, 그 부하는 이 말을 가슴에 품고 즐거운 마음을 간직하게 된다. 그리고 그가 지니게 되는 마음은 다른 사람을 대하는 경우에도 그대로 전이되어 나타난다.

이러한 마음을 가진 사람이 만들어내는 전이효과는 깜짝 놀랄 만큼 엄청나다. 이러한 효과가 나타나게 되는 이유는 상관이 부하를 믿고 있다는 확신을 심어 줌으로써 그 부하의 마음에 믿음의 불을 지폈기 때문이다.

진실함

진실한 마음은 우리 해군을 감싸고 있는 덮개요, 지붕이다.

비록 태어날 때부터 지니고 나오는 것은 아니지만, 사람을 사람답게 만드는 덕목 중에서도 가장 으뜸인 것이 바로 진실함이다.

이는 예나 지금이나 변함없이 똑 같다. 진실성에 대하여 1840년 아베크롬비(Abercrombie) 박사는 다음과 같이 적고 있다.

인간의 진실성이 중요하다는 사실은 우리의 일상생활은 물론 수많은 지식에 근거한 것이다. 진실성이 없다면 우리가 쌓아놓은 여러 가지 체계들은 혼란 상태에 직면하게 된다. 가장 보편적인 하루 생활을 보더라도 마찬가지다. 어떤 사람이 갖는 여러 가지 다양한 성격이 있지만 우리는 그가 진실하다고 하는 확신 하에 매사를 처리하고 있음을 알게 된다.

이 얼마나 진실한 말인가! 세상만사는 업무 위주로만 되는 것이 아니다. 사람들이 내뱉는 모든 말들이 증명되어지는 것도 아니다. 그러나 어느 시대건 진실하지 않은 사람들이 있다. 완전히 뒤틀려 있는 사람 혹은 어떤 목적을 이루기 위해 악의나 고의를 가진 사람은 진실 아닌 거짓을 말하게 된다.

이런 종류의 사람들은 가장 전형적인 '도덕적 비겁자'(moral cowardice)라고 말할 수 있다. 도덕적인 사람은 거짓말을 하지 않는다. 거짓말이라고 하는 것은 바로 도덕적인 것처럼 행세하면서 도덕성을 훔치는 행위이다. 이러한 행위를 하는 사람들은 진실이 드러날까 봐 재빨리 숨어버리기도 하는데 이와 같이 명백한 거짓말과 일부 구별되는 행위를 '회피' 또는 '변명'이라고 한다.

대개 도덕적인 척 행동하는 경우가 변명하는 경우보다 훨씬 자주 나타난다. 모든 함정에는 몇몇 해상법률 자문관들이 있는데 단순한 전통적 표현을 빌려 말하자면 이들은 솔직하지 않은 인상을 준다. 단순히 거짓말을 하는 것은 아니지만 진실한 내용을 빙빙 둘러치는 방법을 사용하는 사람들이다.

이러한 회피성 방법을 좋아하는 사람은 계속하여 거짓말을 일삼는 사람보다 더 비열한 사람인데 왜냐하면 단순한 거짓말인 경우에는 쉽게 감지할 수가 있지만 빙빙 돌리며 말하는 사람에 대하여는 그 진실성을 감지하기가 쉽지 않기 때문이다. 이는 더 많은 사람들을 속일 수 있다.

이러한 분위기가 해군사관학교에 스며들도록 방치하는 것은 도덕적이지 않다. 만일 이러한 부분이 감지된다면 이런 잘못된 일은 과감히 떨쳐내야 한다. 일반 정규교육 시에 사관생도가 그런 말을 사용한다면 이는 곧 그 생도의 전반적인 생활에 엄청난 파장을 몰고 오게 된다. 우리는 생도들에게 진실을 말해야 할 의무가 있다고 가르치고 있으며, 이러한 의무 수행이 진실하게 지켜질 수 있도록 해야 한다.

대부분의 사람들은 책임감에 대하여 잘 알고 있다. 생도생활의 가치는 자신에 대해 스스로 책임을 질 수 있게 하는데 있다. 자신이 내뱉은 말에 대한 책임을 짐으로써 부하들로부터의 자신감과 존경심을 얻는 것, 이보다 더 중요한 것은 없다.

이는 또 다른 신뢰와 진실을 얻게 되는 길이다. 어떤 일에 대하여 알고 있다고 말하기 위해서는 그 일을 알고 있어야만 하는 것이다. 약속을 지키겠노라고 말했다면 반드시 그 약속을 지켜야만 하는 것이다. 자신의 생애에 겪은 어떤 사건을 통하여 웰링턴 백작은 위대한 리더의 진실성에 대한 확고한 마음가짐을 보여주고 있다.

귀가 잘 들리지 않아 고통스러웠던 웰링턴 백작은 마지막으로 어떤 전문가와 상담하게 되었다. 그 전문가는 특효약을 처방하여 주었으나 이를 복용한 결과 오히려 염증이 생기고 더 커지면서 그는 이제 아무것도 들을 수 없게 된다. 점점 더 심각한 상황으로 내몰리며 막다른 골목에 다다랐을 때 우연히 찾아온 웰링턴 집안의 한 의사가 그를 치료해주었다.

그는 웰링턴 백작이 왜 고통스러워하는지를 파악했으며, 독성 물질이 뇌로 전달되지 않도록 조치하였다. 백작의 고통 소식을 전해들은 그 전문가는 이 사고로 인하여 자신의 명성에 금이 갈까 두려워하며 황급히 백작의 집을 찾아왔다. 웰링턴 백작은 전문가를 친절하게 맞아주

었으며, 자신의 병의 진행상황에 대하여 아무에게도 알리지 않았으니 걱정하지 않아도 좋다고 말해주었다.

그 전문가는 자신의 의술에는 잘못된 것이 없었다는 것을 알리기 위해 계속적으로 웰링턴 백작을 방문하며, 치료할 수 있도록 해 달라고 간청하였다. 이에 백작은 다음과 같이 말하였다. "그렇게는 할 수 없습니다. 왜냐하면 당신이 거짓된 행동을 하고 있기 때문입니다." 웰링턴 백작은 그 전문가의 거짓말과 거짓된 행동에 대하여 참을 수 없었던 것이다.

어떤 사람은 태어날 때부터 남들보다 더 진실한 면이 있는데 이는 부모로부터 물려받은 속성이나 성격 때문이다. 어떤 경우에는 본능적인 두려움이 남보다 적기 때문이기도 하다. 그러나 어떤 경우이건 간에 항상 진실을 말함으로써 그 사람의 성격이 형성되어 진다.

거짓말을 일삼는 사람이나 혹은 대부분의 성인들이 알고 있듯이 거짓된 언행 뒤에는 불명예가 남게 된다. 거짓말을 자주 하는 사람은 다른 사람이 그러한 복선을 깔아 말하는 경우에 이를 참지 못한다. 아이들은 '거짓말쟁이'라고 하는 단어에는 명예스럽지 못한 오점이 있음을 배우게 된다.

진실함은 고귀한 사람들이 보여주는 가장 기본적인 요소다. 거짓말쟁이는 결코 신사가 될 수 없는 법이다. 진실을 숨기거나 왜곡하는 일은 인간 본성이라는 순수한 물질에 합금하여 도금을 입히는 행위와도 같다. 진실한 사고, 진실에서 우러나오는 행동은 여러 가지 도덕적 특성 중에서도 가장 먼저 고려되어야 하는 특성인 것이다.

용기와 결단

용기는 육체적 용기와 정신적 용기로 구분된다. 용기라고 할 때 우리는 대부분 육체적 용기에 관해 말하는 경우가 많다. 용기를 내는 것은 그다지 자연스러운 일이 아니다. 전혀 겁이 없는 사람은 없다. 전혀 두려움이 없다고 자랑하는 사람은 진실하지 않은 자다. 아무도 없는 곳에서 달리기를 하는 사람을 보고 우리는 이상한 사람이라고 말하지 않는다.

우리가 해군에서 해야 할 임무는 전투에 임하거나 혹은 전투를 위해 대비하는 일이다. 전투에 임하는 자에게는 육체적 용기가 요구된다. 따라서 육체적 용기는 해군이라면 응당 갖고 있어야 하는 기본 자질이다. 두려움을 통제하지 못하며 용기가 부족한 사람은 함정의 안전을 위협하고 효율을 높이지 못하게 하는 방해 요소가 된다.

정신적 용기는 심적인 위기를 이겨낼 수 있게 한다. 정신적 용기는 강제로라도 진실한 방향으로 나아갈 수 있도록 하며 언제나 그러한 여건을 조성하게 만든다. 정신적 용기를 가진 사람은 자신의 부하들에게도 그러한 확신을 주며, 그들이 잘못한 일에 대하여는 바로 시인할 수 있도록 만든다. 지혜로운 사람, 강인한 사람은 자신의 잘못을 인정하며, 또한 자신의 잘못에 근거하여 자기 자신을 만들어가며 이로써 많은 것을 얻어내는 사람이다.

육군 중령 앤드류(Andrew)는 이에 대해 다음과 같이 말한다.

대부분의 사람들은 아주 힘든 시련을 당하기 전까지는 그러한 정신적 용기가 자기 자신에게도 있는 것인지 반신반의한다. 대부분의 사람들은 전투를 끝내고 돌아올 때 개인적 두려움을 피하지 않고 이를 이겨낸 것을 만족스럽게 생각한다. 두려움이 생기는 것 그 자체를 비난해서는 안 된다. 모든 사람들에게는 두려운 마음이 내재하고 있다는 사실을 알고 있어야 한다. 왜냐하면 자신의 보존 욕망은 본능적인 것이어서 어떤 일에 자신이 직접 부닥칠 때 생겨나는 일종의 위험 경고 신호인 것이다. 두려운 마음을 갖게 되는 것은 자연스러운 일이다.

용기 없는 리더를 따르는 사람은 아무도 없으며, 또한 정신적으로 나약한 리더가 임무를 성공적으로 완수하리라고 믿는 부하도 없다. 따라서 리더는 자기 스스로는 물론 부하들에게도 리더 자신이 용기가 있다는 것을 보여주고 아울러 그러한 믿음을 갖도록 해야 한다. 이렇게 함으로써 리더는 자기 스스로를 통제할 수 있게 되고, 어떠한 위기가 닥치더라도 침착하게 판단하고 대응할 수 있게 된다.

만약 리더가 아주 사소한 일에 흥분하거나 큰 소리로 윽박지르거나 혹은 욕을 한다면 그는 이미 자신의 통제력을 잃은 것이라고 볼 수 있다. 이렇게 되면 대원들도 리더의 인격을 의심한다. 만일 실제 비상사태가 발생했을 때에도 그러한 모습을 보이지 않을까 걱정하며 더 이상 리더에 대한 신뢰를 보내지 않게 된다.

어떤 사안에 대하여 책임질 생각이 없다면 이는 바로 정신적 용기가 없다는 것을 말한다. 장교가 어떤 일로 인하여 욕먹는 것을 두려워한다면 이는 곧 그 일에 대한 주도권을 잃게 되고, 부하들에게는 "일단 명령을 기다려보자."라는 식으로 그럴 듯한 이유를 달게 된다.

두려움과 관련하여 군에서 가장 흔히 나타나는 현상은 육체적 상처와 관련된 것이 아니라 비난의 화살 혹은 유죄 판결을 받지 않을까 하는 두려움과 연관되어 있다. 언제나 사용할 수 있는 일종의 '바늘'을 갖고 다니면서 수시로 남을 비난하거나 찔러 버리는 그러한 사람 중에 성공한 이는 없다.

장교들, 특히 초급 장교들은 자기 스스로 필요한 모든 역량을 갖추도록 전력을 다하고, 부하들 앞에서는 침착하고 완벽하게 자신의 능력을 발휘할 수 있도록 최선의 노력을 기울여야 한다.

조금이라도 우물거리거나 우유부단한 행동을 보이거나 혹은 부하들 앞에서 용기 없이 겁먹은 모습을 보인다면 부하들은 이를 바로 알아차릴 것이며, 그 장교는 즉각 자신의 권위를 잃게 될 것이다.

또한 결정을 내릴 때는 명확한 용어를 사용해야 한다. 결정된 사항은 정확하게 시달하여 쓸데없는 잡음이나 잘못된 행동이 나타나지 않도록 조심해야 한다. 이렇듯 확고부동한 지시를 내림으로서 지시한 내용에 대하여 조금의 의심도 생겨나지 않도록 해야 한다.

이러한 능력과 태도를 갖춘 장교는 부하들의 존경과 자신감을 한 몸에 받을 수 있게 된다. 즉 과감한 결단력과 추진력, 그 어떤 흔들림도 없이, 또한 부하들이 잘못 오해하지 않도록 명확한 지시를 내릴 수 있는 능력을 갖추는 일이 중요하다. 지시를 내린 후 이어지는 후속 조치 내용을 시달하게 될 때 어떤 장교들은 다음과 같이 표현하는 경우가 있다.

내 생각에 우리는 오른쪽 방향으로 가야할 것 같아.

그리고는 잠시 후,

아니야, 왼쪽으로 방향을 바꾸는 것이 좋겠어.

이와 같이 계속 지시하는 방향을 바꾸거나 '내 생각에는' 이라는 애매한 표현을 사용하는 장교는 자기 자신조차 확신을 갖지 못한 사람이며, 실제로 자기 자신이 무엇을 원하며 어떤 방향으로 가야하는지도 모르는 사람이라고 할 수 있다.

어떤 지침을 내릴 경우에는 심사숙고하고 여러 가지 상황을 생각하면서 조심스럽게 상황을 알아보며 직접 문의해 보아야 한다. 이런 단계를 거침으로써 건전한 판단을 내릴 수 있게 되는 것이다.

그러나 물어보거나 상황을 파악하는 것은 지시를 내리기 전에 해야 한다. 필요하다면 그러한 지시를 받아 업무를 수행하게 될 외부 사람들의 입장도 들어보도록 해야 한다. 지시를 하는 사람조차 반신반의하는 상태에서 지시를 내리거나, 구차한 변명을 하는 것 같은 태도로써 지시하거나, 상의하는 분위기로 지시한다면 이를 듣는 대원들은 고개를 갸우뚱거리면서 다음과 같이 말할 것이다.

자기가 원하는 바가 뭔지를 자기 자신도 잘 모르고서 지시를 내리니 우린들 어떻게 알 수가 있나? 무엇을 어떻게 하란 말이야?

젊은 장교들은 결정된 내용이 중요하다고 해서 이를 즉각 시행해야 한다거나 내용을 정확하게 파악하지도 않은 채, 문맥을 확실히 알아보지도 않은 채, 바로 업무를 해야 한다는 강박감을 가져서는 안 된다. 만약 그렇게 한다면 성급한 판단으로 인해 일을 그르칠 수도 있고 대부분의 경우 만족스럽지 못한 결과를 얻게 될 것이기 때문이다. 다시 말하자면, 내용을 잘 따져보고 확실히 판단하며 어느 부분에 중점을 둘 것인지 먼저 파악해보아야 한다.

특히 다른 사람들과도 상의해보며 언제까지 지시 사항을 완료 할 것인지에 대해서도 함께 고려해야 한다. 따라서 장교가 어떤 지시를 내릴 때에는 그 지시를 받아 일을 하게 될 사람들이 정확하게 또한 실수 없이 잘 수행할 수 있도록 매사를 검토한 후 이를 지시해야 하는 것이다.

이와 반대로, 즉각 결정을 내리거나 명령을 하달해야만 하는 순간이 있는데, 이런 상황에서 장교는 자신이 알고 있는 정보와 건전한 판단 혹은 본능에 의지하여 결정을 내려야만 한다. 이 경우에도 장교는 용기 있게, 단호하게, 그리고 분명하게 결심 내용을 시달해야 한다.

대원들 앞에서 명령을 내릴 경우 손을 호주머니에 넣은 상태로 혹은 모자를 이러 저리 돌리면서 당사자를 똑바로 쳐다보지 않고 말하게 되면 부하들의 즉각적인 반응을 기대하게 어려울 뿐 아니라 존경심도 얻지 못하게 된다. 이럴 경우 부하들은 장교 스스로도 확신이 없고 황당한 명령을 내리고 있다는 사실을 무의식적으로 알아차린다. 곧 장교의 용기에 대하여 의문을 품게 되는 것이다.

장교가 부하들에게 이야기를 할 경우에는 손을 아래로 내려놓은 상태에서 완급을 조절하되, 천천히 지시하고 대화 도중에는 부하들에게 끝까지 눈을 떼지 말아야 한다. 나는 이와 관련한 노력을 여러 차례 반복하였는데 이것이 매우 중요한 일임을 알게 되었다.

만약 장교가 감정을 이기지 못하고 화를 내게 되면 이는 떠날 준비를 하며 보따리를 챙기는 행위와 똑같은 짓이 된다. 이러한 사람은 더 이상 함정에 머물러 있어야 할 필요가 없는 장교로 전락한다.

명예

명예는 정상적인 사람이라면 태어날 때부터 갖고 있는 것으로써, 이는 인간의 존엄성을 떨어뜨리지 않는 마음에 기초하고 있다. 명예는 우리 자신에 대한 신뢰와 존경을 바탕으로 형성되며, 이는 곧 인간의 성실성과 실제 가치가 어떤 것인지를 알려준다.

이에 대해 에머슨(Emerson)은 다음과 같이 말한다.

명예는 훼손되기가 쉽다. 왜냐하면 언제 어디서 어떻게 말하거나 행동해야 하는지를 모두 상세하게 알려주는 도표가 없기 때문이다. 명예는 항상 지나온 과거를 기준하여 만들어지는 덕목이다. 하지만 오늘날에도 사람들이 명예를 귀중히 여기는 이유는 우리가 명예를 사랑하고 명예를 귀하게 여기는 반드시 그러해야한다는 과거로부터 내려오는 올가미 때문이 아니다. 명예는 그 자체가 독립적인 덕목이며 이로 인해 많은 것들이 형성되기에 예로부터 내려오는 순수 혈통 우리는 앞에서 언급된 훌륭한 리더십을 위한 16가지 자질을 모두 갖추지 못하였다고 낙담해서는 안 된다. 인간은 누구나 그러한 자질을 모두 갖추지 못하고 있다는 사실을 알고 있으며, 나아가 그러한 자질을 모두 갖춘 사람이 있을 것이라고 생각하지도 않는다. 오히려 각 개인이 갖고 있는 특징적 자질을 얼마나 잘 활용하느냐 하는 점이 중요하다.

모든 인간은 약간의 정의심, 공정심, 정력, 자기 통제력을 지니고 있기에 어떤 사안에 대하여 판단하거나 의지를 가지고 과업을 실행할 때 이러한 자질들을 적절히 사용할 수 있어야 한다는 것이 중요하다.

그렇다면 우리가 얼마나 편견에 사로잡히지 않고 행동하는지를 알아보자. 위에서 언급한 중요한 자질들을 고려하되 특별히 개인적으로 불충분하다고 생각되는 자질들을 중심으로 살펴보도록 하겠다. 이어서 개인적으로 자신 있는 자질을 어떻게 활용해야 자신 없는 자질을 보완할 수 있게 되는지에 관해서도 살펴보도록 하겠다.

대부분의 소위들은 장교가 되기 위해 많은 시간을 투자하였다. 하지만 해군사관학교에서는 해군관련 지식을 단순하게 사용하는 그러한 역할만 수행하기를 기대하지 않는다. 즉 해군에서는 그들이 사관학교를 졸업한 후에도 자신의 경험을 바탕으로 자신의 역할을 한 단계 더 높일 수 있기를 바라고 있는 것이다.

경험은 자신을 한 단계 더 높이는 반면교사의 역할을 한다. 이제 갓 장교 생활을 시작하는 소위들은 이러한 경험을 쌓아가면서 살아가야 한다. 또한 이러한 경험과 지식은 죽을 때까지 쌓이는 것이며, 자신의 학습 과정을 인식하게 만들어 주는 유일한 통제 사항이기도 하다.

해군사관학교의 엄격한 과정은 4학년 생도에게 고지 점령에 성공하는 기분을 안겨주게 된다. 일단 사관학교를 졸업하면 만사가 끝났다고 생각할 수도 있겠지만 졸업이 그 이후를 보증해 주지는 않는다. 졸업은 단지 시작을 할 수 있도록 해주는 시발점에 불과하다. 그 자신의 결단과 필승의 신념으로 목표를 향해 나아갈 수 있는 통로를 마련해 주는 의미인 것이다.

모든 항해장교들은 일단 장교로서의 경험을 해 본 사람들이다. 그러나 항해장교들은 자신들에게 복종하는 부하들에 대하여 절대적인 권력을 쥐고 제 마음대로 행동하는 사람이 아니다. 그들은 알아야 할 모든 것을 알고 있지 않다. 부하들을 지휘할 때 잘난 체 하는 행동을 하지 말아야하며 또한 혼자 숭고한 것처럼 행동해서도 안 된다. 요란스럽게 나무라거나 큰 소리를 지르거나 혹은 자신을 불쌍히 여기는 말을 해서도 안 된다.

　　이러한 것들은 리더십과 거리가 멀다. 부하들에 대하여 단지 자신들의 쾌락 시간만을 기다리며 농담이나 하고 있는 자들이라고 생각해서도 안 된다. 또한 부하들을 모두 바보로 만들어버릴 수도 있다는 생각을 해서도 안 된다.

　　예나 지금이나 자기 생각은 부풀려 말하고 부하들의 의견은 안중에도 없는 상급자들이 많다. 그러나 대원들은 조만간 군복 대신 사복을 입고 생활하게 될 성숙한 시민들이다. 이들 중에는 사회에 나가서 많은 장교들의 존경과 애정을 얻게 될 훌륭한 사람들도 많다.

평균적으로 볼 때, 대부분의 수병들은 사회로 나가서도 변하지 않는 자신의 생활 철학과 유머 감각을 유지하면서 군에 남아 복무하는 사람들의 귀감이 되는 생활을 할 것이다. 이들은 죽음에 직면하게 되더라도 자기가 좋아했던 상관을 따를 것이며, 자기 자신이 만들어낸 표현으로 농담을 건넬 것이며, 얼굴에는 미소를 지을 것이다.

훌륭한 장교는 부하들에게 이러한 것들을 요구하지 않더라도 존경을 받는다. 부하들이 노예와 같이 행동하기를 바라는 머저리 같은 장교는 결코 존경받지 못한다. 부하들에게 고함지르거나 윽박지르는 일은 결단코 하지 않기를 바란다.

부하들에게 상스러운 욕을 하는 장교는 그에 합당한 대가를 받게 될 것이다. 부하들은 상관을 미워하기보다는 존경하게 되기를 바란다. 자신의 상관이 좀 더 이상적인 방향으로 고매하게 인도해 주기를 바란다. 그들은 자신들의 부서장이 함정 내의 모든 부서장들 중에서, 나아가 전 해군의 부서장들 중에서 최고의 부서장이 되기를 바란다.

그렇지만 대원들은 바보가 아니다. 자기 자신을 존경하지 않는 장교,

대원들을 존경하지 않는 장교에게는 결코 존경심을 보이지 않을 것이며, 존경하지도 않는다. 존경받지 못하는 장교가 함정에 부임하면 대원들의 언행은 더 나쁜 방향으로 변해간다. 대원들은 종종 그러한 장교를 무시하거나 혼자 내버려 둔다. 소위 말하는 '왕따' 가 되는 것이다.

장교는 자신이 지시한 내용에 대하여 강직하게 밀고나가며 또한 지시한 내용에 대한 결과를 확인해야 한다. 또한 장교는 '카운슬러' 의 역할도 해야 한다. 이 말은 자기 부서의 장병들을 잘 파악하며, 누가 열심히 일하는지, 누가 어떤 업적을 쌓았는지, 누가 누구랑 친하게 지내는지, 누구의 충고를 잘 듣는지 따위를 파악하고 있어야 한다는 것이다.

또한 장교는 선생님이 되기도 하여 그들의 업무에 대한 방향을 제시해 주고, 그들이 지시받은 내용을 잘 파악하고 있는지 묻기도 해야 한다. 하지만 부서 내 장병들이 잘못하였음에도 불구하고 막무가내로 방어해 주려고 해서는 안 된다. 부하들이 잘못을 저질렀을 경우에는 누구보다 먼저 그 내용을 알고 있어야 하며 이를 즉각 시정해 주어야 한다. 엄정한 부대가 행복한 조직이기 때문이다.

친절하고 이해심이 많다는 것을 잘못 해석하여 적당히 어물거리면서 모른 척 봐 주는 것이라고 생각해서는 안 된다. 매사를 엄정한 잣대로 실행하는 것이 효과적인 리더십을 위한 필수 요소인 것이다. 제대로 된 결정을 내리지 않거나 적당히 기름 치고 얼버무린다면 이는 곧 리더에게 치명타가 되어 돌아오게 되어 있다.

대원들은 자신이 속한 조직이 느슨하고 오만불손한 조직이 되기를 결코 원하지 않는다. 사실 그들은 이러한 느슨함이 오래도록 지속되는 것을 원하지 않는 것이다. 그들은 단순한 원리로 정의가 실현되고, 매사가 원칙에 따라 움직이고, 정확하게 행정처리 되기를 원한다. 단지 인간적인 면이 추가되기를 바랄 뿐이다.

대부분의 사람들은 자기가 직무를 태만히 하고 있다는 사실을 좋아하지 않는다. 나아가 이러한 태만으로 인해 받게 되는 벌칙에 대하여도 반감을 드러내지 않는다. 왜냐하면 직무 태만은 바른 행동이 아니라는 사실을 그들이 잘 알고 있기 때문이다.

반면에 자신의 직무에 태만하였거나, 장교가 모르는 상태에서 저지른 일이 있었음에도 불구하고 그냥 넘어간다면 그들은 그동안 보여 주었던 리더에 대한 존경과 리더의 권위를 점차 부정하게 될 것이다.

존경하지 않아도 사랑할 수는 있다. 하지만 모든 것을 다 바치는 충성심이란 존재하지 않는다. 사랑은 맹목적인 것이지만 충성심은 사랑과는 다르다. 충성심은 효율을 올릴 수 있는 필수 조건이다. 충성심을 불러일으키지 못하는 장교는 부하를 올바로 지휘할 수 없다. 대원들에게 복종을 강요할 수는 있지만 그들에게 충성을 강요할 수는 없는 법이다.

개인적 위엄성은 장교가 배양해 나가야 할 또 다른 특징이다. 일부 장교들에게서 볼 수 있는 위엄성을 간단하게 정의내리기는 힘들다. 이는 장시간 대원들과 사적인 이야기 혹은 비공식적인 이야기를 나눌 때 드러난다. 위엄성은 하지 말아야 할 언행을 하지 않으며, 지켜야 할 최소한의 예의는 제대로 갖추면서도 동시에 대원들에 대한 친밀감을 잃지 않는 그러한 면모나 특성을 말한다.

대원들이 장교와 무례할 정도로 친하게 지낸다면 이는 대원들의 잘못이 아니라 장교의 잘못이다. 먼저 자신의 개인적 위엄성을 포기함으로써, 그들과 친해지고자 하는 의도를 내비친 것이다. 가끔 대원들은 해군사관학교를 갓 졸업한 젊고 멋모르는 장교들과 친하게 지내기를 바라는 경향이 있다. 하지만 소위들은 자신의 위엄과 그 기준을 잃어버리지 않고자 경계해야 한다. 더 나아가 약간 심한 듯 느껴지더라도 공식적인 면을 강조하는 자세를 견지하고 있어야 한다.

장교가 지녀야 할 마지막 항목을 알아보자. 마지막 항목이지만 결코 그 중요성이 덜하다고 할 수 없다. 이는 생활 속에서 수시로 실현되어야 하는 다름 아닌 '유머 기질'을 말한다.

우리는 어떤 일에 찬물을 끼얹거나 비관적이거나 낙담하게 만드는 사람 혹은 험담하는 사람을 좋아하지 않는다. 마찬가지로 우리는 농담 못하는 사람을 좋아하지도 않으며 또한 모든 사람이 배꼽이 터져라 웃을 때에라야 마지못해 웃는 척하는 그러한 유형의 사람도 결코 좋아하지 않는다.

세상에는 수많은 직업이 있지만 그 중에서도 해군장교는 유머가 있고 재미있는 것을 재미있다고 느끼며, 또한 이를 함께 생활하는 대원들과 서로 공유할 수 있고 즐길 수 있어야 한다. 만약 그렇지 못하다면, 함정 난파 따위로 걱정하며 긴장된 시간만을 연속적으로 보내고 있는 불쌍함 삶, 또는 미칠 것만 같은 시간을 하염없이 지내며 살아가는 불쌍한 삶의 주인공이 되기 때문이다.

후갑판에 세워두는 자동 소형보트를 타고 3마일도 가지 않은 상태에서, 사고 원인에 대한 확실한 답변을 듣기 위해 함장 또는 당직사관이 화난 상태로 당신을 보고하게 만드는 경우에도, 부서장은 그 울화를 대충 삼켜버리는 정도에서 그칠 것이 아니라 내심 크게 한바탕 웃을 수 있는 여유 있는 마음을 지니고 있어야 한다.

또한 리더는 어려울 때에도 포근하고 따뜻하게 웃을 줄 알아야 하며, 함정 내의 여러 가지 업무들을 자신의 책임이라고 말할 수 있는 아량이 있어야 한다.

제3장
규율과 처벌

부하에 대하여 칭찬할 일이 생기면 그 어떤 경우라도 그냥 지나치는 일이 없도록 해야 한다. 아무런 보상 없이 지나치지 말고 한 마디 말이라도 따뜻하게 해 주어야 한다. 달리 말하면 부하의 어떤 잘못된 행동도 낱낱이 알고 있어야 하며 동시에 부하의 잘못이 의도적인 것인지, 혹은 악의 없는 실수로 인한 것인지, 끝까지 마무리 하지 않는 나태함으로 인한 것인지, 능력 부족으로 인한 것인지, 혹은 무관심으로 인해 그렇게 멍청한 짓을 한 것인지를 바로 구별해 낼 수 있어야 한다. 상관은 부하에게 포상을 하거나 그 공로를 인정함에 있어 보편적이고 공평하여야 하며 과실에 대한 처벌 또한 마찬가지로 공평하여야 한다.

– 1775년 9월 14일 존 폴 존스 –

일반인에게 있어 규율이라 함은 혹독함, 비합리적인 자유 박탈, 개인 행동에 대한 쓸데없는 구속, 계속되는 규제, 그리고 독단적이며 비합리적인 권위자의 요구에 응해야 함을 말한다.

실제 규율은 진정한 민주주의의 기반이다. 즉 인류가 많은 시대를 살아오면서 사회의 개인 구성원들 사이에서 전체 이익을 보호하는 가장 효과적인 통치를 위하여 만들어 놓은 법들을 지키겠다는 일관된 약속을 말한다.

한 회사의 직원들은 그 회사의 관리차원에서 필요하다고 생각되는 행동 규정들을 순순히 받아들여야 할 것이며 그렇지 않을 경우 그 회사는 망할 수밖에 없을 것이다. 마찬가지로 군사 조직에 있어서 높은 수준의 계급체계와 군기는 당연히 존재해야 하는 것들이다.

사실상 꼭 있어야 할 만큼의 계급체계가 없다면 군사 조직은 더 이상 그 기능을 담당해 내지 못하는 오합지졸에 불과할 것이다. 리더의 주요한 책임들 중 하나는 자신의 조직에서 군기를 유지하는 것이다. 다른 내용을 빌미로 군기와 타협하려해서는 안 된다. 더 높은 직위에 있는 상관으로부터 내려오는 명령에 기꺼이 복종해야 하는 것이다.

군기를 유지하도록 하는 데에는 여러 가지 방법이 있다. 군기를 어기면 어떤 처벌을 받게 된다는 두려움에 그 기반을 두는 방법이 그 하나다. 나머지 하나는 미국인들이 선호하는 방법이다. 즉 상관에 대한 믿음과 목적달성을 위한 노력의 일부로써 자신의 믿음을 바탕으로 기꺼이 자진 동참하게 만드는 것이다.

미국의 경우에 군기에 대한 두려움만을 앞세워서는 좋은 효과를 거둘 수 없을 것이다. 해군에 입대하는 평균나이 18세 내지 20세의 청년들은 이성적이며, 개인적 자유가 보장되는 환경에서 자랐고, 또한 일반적으로 자기 자신의 의견을 피력하고 이를 고수하며 성장해 왔다.

조직 전체를 위해 행하여지는 그 청년들의 행동은 대개 개인적 야망과 자신이 교육받은 지식의 정도에 따라 달라진다. 대부분 그들은 미국의 이상적인 방향은 적자생존이라는 믿음 하에 최후의 승자가 되는 것이며 이것이 곧 미덕이라는 굳은 신념을 지니고 있다.

오늘날의 장교들은 수병들과의 관계를 통하여 그들이 일정 수준 이상의 지식수준과 야망을 갖고 뭔가 훌륭한 일을 하고자 하는 사람들이라는 사실을 깨달아야만 한다. 이에 대해 밀러(Miller) 소령은 다음과 같이 말하였다.

군기란 가장 질서 정연한 민주주의를 위한 진정한 정신이라는 사실
을 알아야 한다.

군기라는 것은 다름 아닌 '완벽한 자기통제'를 한 단어로 압축해 놓
은 것이다. 군기는 인생을 살아감에 있어 방해되는 장애가 아니라 통
제된 삶을 살아가기 위한 버릇이기 때문이다. 자기 대원을 통솔하는
일도 자신이 먼저 모범적으로 규율을 준수할 때 시작될 수 있기 때문인
것이다.

군기는 모든 이들에게 동일한 특혜와 권리를 부여하기 위한 것이다.
평소 자신을 수양해 두면 위기 상황에서 가장 믿을 만한 친구가 되어
준다. 군기는 부하들을 기계적 수준으로 자동적 행동을 유발하는 것은
아니지만, 모든 이들을 잠재적 지휘관으로 만들며 원대한 목적을 달성
하는 강력한 힘이 된다.

또한 군기는 한 군인이 자신의 애국심과 충성심을 표현하는 가장 훌
륭한 방법이 된다. 군기가 개개인에게 진정한 값어치를 가지고 도움이

되기 위해서는 자발적이고 적극적인 행동이 되어야 한다. 군기와 관련된 모든 것들은 교육이나 학습처럼 이루어져야 하며 다른 과업들도 이러한 마음가짐으로 임해야 한다.

이렇게 하는 것이야말로 군 복무 중 추구되는 이상적 모델이요, 군 생활의 기반이 되는 영혼이다. 이런 영혼이 부재된 군대는 오합지졸일 뿐이지만 그 반대의 경우에는 강력한 군대가 되는 것이다. 군기는 행동의 통일이며, 이러한 통일된 행동은 곧 힘, 파워, 그리고 승리를 의미하게 된다.

모범적 행동은 장교의 임무로써 군대 내의 규율을 지키고 유지하는 필수 요건이 된다. 최상의 군기는 상관이 먼저 행동으로서 보여주어야 한다. 그렇게 하지 않고서 부하들의 군기를 세우도록 할 수는 없는 일이다. 위선적이고 무성의하며 거짓말을 일삼는 상관에게 충성과 존경을 바치기에는 우리 대원들이 이제 너무나 이지적이며 너무나 진취적이다.

장교가 부하들을 파악하기 전에 부하들이 먼저 장교를 파악할 것이고, 이들은 속지 않는다. 만일 부하들이 당신의 위선적인 행동, 무성의함, 거짓된 행동 등을 이미 알고 있다면 당신은 일찌감치 전역하는 편이 낫다. 이러한 장교에 대하여 수병들은 가식적인 대꾸만을 할 것이며, 명령에 대하여는 기계적인 반응만을 보일 것이기 때문이다.

지휘관의 모범적인 행동은 너무나 중요하고 반드시 필요한 것이기에 해군의 군율 가운데에서도 가장 먼저 등장한다. 이는 가장 오래된 해군 규정 중 하나이기도 하다.

모든 함대, 전대, 기지, 그리고 소속 함정의 지휘관들은 자기 스스로가 이러한 미덕, 명예, 애국심, 그리고 복종의 모범을 보여주어야 한다. 또한 항상 자기 부하들의 행동을 주의 깊게 관찰하여야 하며 부도덕하거나 또는 경거망동한 행동이 일어나지 않도록 경계하고 이를 막아야 한다. 해군 규정에 어긋난 행동을 하는 부하들은 모두 찾아내어 이를 지적하고 마땅한 벌을 주어야 한다.

불행하게도 어떤 장교들은 규율 위반으로 인하여 징계 처분을 받기도 한다. 이런 벌을 받게 된 자에 대하여는 관용을 베풀고 또 무의식중에도 자비를 베풀도록 해야 한다. 그러나 "내가 한다고 해서 너도 따라 하면 안 된다." 혹은 "너는 내가 말하는 대로 행해야 한다."라는 투의 지시는 보통 윗사람이 저지르기 쉬운 것으로, 이는 지극히 잘못된 행위다.

계급이 높다하여 그에 상응한 특권이 주어진다는 생각(RHIP: Rank Has Its Privileges)은 군내부의 좋지 못한 단면을 보여주는 대표적 표현이다. 분명 계급이 높을수록 권한도 많아지게 된다. 그러나 이 권한은 법적으로 그리고 법이 허락하는 범위 내에서 주어진 권한을 의미한다.

이를테면 함장은 함정 내에서 가장 좋은 장소를 점유하게 된다. 또한 그 자신이 원하면 언제든지 육상으로 나가서 시간을 보낼 수도 있다. 사관실의 장교들은 부사관들보다 편안한 시간을 더 많이 보낼 수도 있고 선임 부사관들은 그 예하의 사병들보다 안락한 시간을 더 많이 보낼 수도 있다. 자유 시간, 음식, 그리고 운동과 관련하여서도 더 많은 자유스러움을 누릴 수 있다. 이러한 것들은 모두 법적으로 주어진 특권이며 모든 사람들이 이해하며 실제 용납되는 사항이다. 이러한 이유로 인해 하급자가 기분 나빠 하거나 분개하지는 않는다.

그러나 이렇듯 주어지는 편안함을 잘못 생각하여 계급이 높아지면 이제 규정을 위반해도 된다고 하는 생각, 즉 일종의 방종이 허락된다는 위험한 생각으로 확장될 때, 이제 규율은 속임수로 전락해버린다. 이 때 규율을 유지하고 있는 사람은 그들 자신이 스스로 위선자에 지나지 않는다는 사실을 알게 된다. 그리고 이와 같은 위선으로 인해 나타나는 결과를 확인하는 데에는 그다지 많은 시간이 걸리지 않는다.

특권을 강조하여 '계급은 곧 특권'이라는 생각을 갖는다면 이는 매우 불행한 일이다. '책임'을 강조하는 것, 즉 계급은 책임이 뒤따르는 것이라고 생각하는 것이 현실을 더 분명히 잘 파악하고 있는 것이라 할 수 있다.

계급과 책임, 이 둘은 분리할 수 없는 하나의 쌍이다. 장교는 결과에 대한 책임을 지고 있다. 장교는 자신의 책임을 이행할 권위(계급에서부터 나오는 권위)를 가져야만 한다. 소위 특권이라 불리는 것은 이 책임을 받아들였기 때문에 따라오는 단순한 부속물이 아니라, 권위를 연습하게 하고 그 책임을 떠맡게 되는 행위를 도와주게 된다.

한 예로, 나폴레옹은 휘하 장교들에게 내부에 등불이 있는 텐트를 지급해 주었는데, 그 텐트는 지도가 바람에 날려가지 않도록 하는 방편이 되는 것이다. 또한 그 등불은 장교들이 어두워진 후, 혹은 사병들이 잠든 후에도 오랫동안 일할 수 있게 하는 방편이 되는 것이다.

좋은 규율 또는 모범으로 인해 나타나는 결과, 혹은 그 증거는 곳곳에서 찾아볼 수 있다. 부대원 개개인의 청결과 단정한 복장, 방정하고 꼿꼿한 태도, 패기 있고 힘찬 행동, 빈틈없는 자세, 건강한 몸과 건전한 마음, 그리고 기분 좋게 인사하기 등으로 나타나게 되는 것이다.

경례

생크(Shanks) 장군이 쓴 '경례의 중요성'과 '경례의 의미'는 아무리 강조되어도 지나치지 않다. 군에서의 경례는 장교에 대한 존경심의 표현이다. 볼셰비키 집권 초창기 당시, 군인과 노동자들 회의에서 "시민들은 앞으로 군 장교들에게 경례하지 않는다."라는 결의안을 통과시켰는데 이는 러시아 군사를 약화시키는 첫 번째 단계였다. 영국의 에플린(Applin) 대령은 경례의 중요성을 다음과 같이 강조하고 있다.

이제 경례가 하찮은 것이 되어버렸는가? 하지만 그 매우 하찮게 생각하는 것으로 인해 군인들이 군대를 떠나가고 있다. 포들이 마음대로 팔려나가고 있다. 장교들이 음식을 차리며 온갖 잡일을 다하고 있다.

경례가 생겨나게 된 사유를 보면 사뭇 흥미롭다. 그러나 군에 근무하는 사람들 중에도 경례가 생겨난 사유를 제대로 알고 있는 사람은 많지 않다. 경례의 기원은 모든 사람들이 무장을 하고 기습 공격을 대비하던 오래 전의 시대로 거슬러 올라간다.

어떤 두 사람이 우호적인 관계로 만났을 때 그들은 서로 평화를 바란다는 의도로 상대방을 바라보며 자신의 오른팔을 들어 올렸다. 이러한 관습이 계속되면서 결국 지금의 군대식 경례로 발전되었던 것이다.

경례는 군대 조직 내에서 사용되며 서로 호의적이며 또한 존중한다는 뜻을 담고 있다. 어떤 사람이 경례를 먼저 한다고 해서 그 사람이 경례받는 사람보다 정신적으로나 도덕적으로 혹은 육체적으로 열등하다고 생각하는 것은 어불성설이다. 대원들이 장교들에게 경례해야 하는 것과 마찬가지로 장교는 자신의 선임 장교에게 경례해야 한다.

사실 소위나 대위가 중령, 대령에게 고의적으로 경례를 하지 않으려고 그들을 피하는 장면은 상상하기 힘들다. 하지만 만일 이러한 사실이 있다면 이는 군에서 강력하게 지적되어야 한다. 모두들 경례를 해야 된다는 사실은 알고 있지만 가끔 이를 제대로 인식하지 못하는 경우가 있는데 이는 그들이 부주의하기 때문이다.

대부분의 경우 대원들은 군 입대 전 각자 자신의 분야에서 생계유지를 위한 일을 해왔다. 이러한 신분으로 있을 당시 간혹 몇몇은 주말에 길가에서 그들의 고용인이나 사장을 만나게 되면 인사하기를 꺼렸을 수도 있다. 은행 업무 종사자의 경우 가끔 버릇없거나 공손하지 못한 태도로 손님들을 맞이하면서 자기 본연의 역할을 하지 못하는 경우도 있다.

가게 주인이나 백화점 판매 담당관이 오전에 해당 구역을 순찰할 때, 종업원들 중 일부는 마지못해 억지로 '안녕하세요!' 라며 가식적인 미소를 지었을 지도 모른다. 그들에게 있어 인사를 통해 공손함을 드러내는 일이 해군 조직에서의 경례나 인사보다 더 중요한 것이었을 수도 있다.

그러나 어떠한 해군 조직에서도 경례와 같은 군대식 예절을 적당히 하고 지나치는 것을 용납하지 않는다. 그러한 태만함은 좋은 본보기가 되지 못하며, 이와 관련한 일정 부분은 장교가 부주의하다는 것을 보여주는 명백한 증거가 된다.

경례는 모든 대원들이 완전히 이해할 때까지 충분히 설명되어야 하며 또한 더욱 강조되어야 한다. 군인들의 인사인 경례는 민간인이 인사하기 위해 모자에 가볍게 손을 대는 행동과 아주 비슷한 것이라는 점을 알아야 한다. 군에 들어온 사람들은 일요일 어느 길가에서 만난 그들의 전 직장 상관에게 인사하는 것과 똑같이 장교들에게 경례해야 한다. 그리고 그들의 전 직장 상관의 개인 사무실에 들어갈 때와 마찬가지로 상급 장교의 사무실이나 혹은 장교들의 숙소에 들어갈 때에는 모자를 벗어야만 한다.

또한 상급자는 모든 하급자들의 경례에 대해 답례해야 한다는 점을 잊지 말아야 하며 아울러 적절한 답례가 될 수 있도록 매우 신경 써야 한다. 이는 바로 상급자의 특권인 동시에 의무이다. 적절한 답례를 하지 않는 것은 부주의한 행동이다. 공손하지 못한 비신사적인 행동인 것이다.

처벌

" 최소한의 처벌, 최대한의 효율성과 만족도가 적절히 이루어질 때 이

상적인 군기를 유지할 수 있게 된다. "

우리는 대개 두 가지 동기에 의해 자신의 행동을 통제하게 된다. 그 중 하나는 처벌에 대한 두려움이고 또 다른 하나는 보상에 대한 기대이다. 장기적인 관점에서 볼 때, 보상 기대가 훨씬 강력한 동기가 되고 일반적으로 더 큰 효력을 갖게 된다.

그러나 어떤 경우는 처벌에 대한 두려움을 통해 즉각적인 효과를 얻을 수 있게 된다. 사람이 영리할수록, 처벌에 대한 두려움에 영향 받는 일은 줄어드는 대신 보상에 대한 기대치가 더 많은 영향을 끼치게 된다. 영리한 사람일수록 그를 통제하기는 더욱 어려워진다. 경험 많은 장교들은 대원들보다 장교들을 통제하는 것이 훨씬 어렵다는 것을 잘 알고 있다. 재판은 과거의 행위로 판단하는 것이지만 모든 규율의 척

도는 미래 지향적인 것이다.

다이너마이트의 위력과 같이 처벌은 강력하고 위험하며 간혹 필요한 것이지만 아울러 해를 끼치게 된다. 즉 바르게 사용 될 때에는 놀라울 정도로 효과적이지만, 잘못 사용될 때에는 매우 유해한 것이 된다. 종교단체 등에서는 명분이 없을 경우 처벌을 하지 않는다. 만약 정의가 결여되어 있는 경우 처벌은 단지 가해자의 감정적인 폭력 행위가 되며 그 희생자는 불행해진다. 정의는 도덕적인 세계에서 강력하게 적용되는 법칙이다. 즉 이러한 세계에서 법칙을 이행하지 않았을 때 받게되는 자연스런 결과가 바로 처벌인 것이다.

어떤 장교가 함부로 부하들을 마스트로 데리고 가거나, 함정 지휘관에게 보고할 필요가 없는 것까지 시시콜콜 보고한다면, 이로써 우리는 해당 장교의 면면을 직접 파악할 수 있게 된다. 장교는 그의 휘하에 있는 사람들에 대한 보고서를 올리기 전에 사건을 모든 각도에서 주의 깊게 살펴보고 해당 부하에게 잘못이 있음을 확증한 이후에 보고서를 올려야 한다.

또는 좀 더 자세한 조사가 요구되거나 함정 지휘관의 보다 성숙한 판결이 요구될 때 보고해야 한다. 함정 마스트는 모든 사람이 경외하는 재판소가 되어야 하며, 모든 장교들은 부하들을 마스트에 데려오기 전에 가장 예리하고 현명한 판단을 해야만 한다.

하찮은 것까지 시시비비 가리는 마스트 재판이 되어서는 안 된다. 마스트는 죄를 심판하는 장소가 아니다. 마스트는 함장이 타당한 근거를 갖고 직접 중죄가 되는지 그렇지 않은지를 결정할 때 사용하는 장소가 되어야 하는 것이다. 이에 대해 존 폴 존스는 다음과 같이 말한다.

대원이 어떤 칭찬받을 만한 행동을 하였다면, 장교는 단 한마디 말로라도 이를 인정해 줄 수 있어야 한다. 또한 장교가 대원 각 개인의 칭찬 또는 포상 받을 만한 일에 대하여 인정해 줄 때에는 보편적이며 공정해야 한다. 그렇게 해야만 대원을 처벌하거나 잘못된 행동을 꾸짖을 때에도 판단력 있고 일관성 있는 행동을 할 수 있게 된다.

칭찬해줄 일이 있을 때는 많은 사람들 앞에서 즉각적으로 해주어야 한다. 반면에 잘못한 일에 대하여 꾸짖을 경우에는 공개적으로 하지 않도록 조심해야 한다. 일반적으로 꾸짖거나 처벌하는 것보다 칭찬하는 것이 보다 효과적으로 부대원들의 흥미를 유발하고 나아가 부대의 효율을 높이게 된다.

엄격하게 대하되 부하들의 해낼 수 있는 한계를 고려하는 것도 필요하다. 우리 스스로가 정당함에 대하여 느끼는 만큼 부하들 또한 그들의 정당한 행위가 꾸지람을 받게 되는 것에 예민하다는 것을 알아야 한다. 즉 정당한 일을 하고자 스스로 조심하고 있는 부하들과 상대하고 있다는 것을 염두에 두어야 한다.

이렇듯 공정성과 공평성은 사람들을 상대함에 있어 가장 기본적인 요소가 된다. 쓸데없이 고함치는 일은 서로에게 전혀 도움이 되지 않으며 가장 큰 잘못을 저지르는 일이 된다. 자신의 일에 최선을 다하고 있는 사람에게 사소한 잘못을 지적하고 소리치는 것보다 더 사람을 낙담시키는 일은 없다.

꾸지람 후에 듣게 되는 칭찬은 마치 폭풍우가 휩쓸고 지나간 후에 비치는 햇살과도 같다. 처벌할 때에는 개인적인 감정을 자제해야 한다. 처벌은 개인에 대해 복수하고자 하는 마음에서 혹은 원한을 풀기 위해 고통을 주는 것이 되어서는 안 된다. 처벌을 한다고 해도 이미 벌어진 잘못된 행위를 다시 되돌려 놓을 수는 없기 때문이다.

처벌의 유일한 가치는 잘못을 저지른 사람과 아울러 다른 여러 사람들에 대한 객관적인 지침을 줌으로써 다시는 그런 잘못을 하지 않게 하는데 그 목적이 있다. 처벌은 인간의 마음속에 내재하는 두려움의 감정에 호소하는 일이다. 따라서 처벌은 그 자체가 정당해야 한다. 뿐만 아니라 처벌의 목적이 유사한 잘못을 막는 것을 목표로 한다면 그것을 받아들이는 사람과 그 주위의 동료들 또한 해당 처벌이 정당한 것이라고 인정할 수 있어야 한다.

처벌은 잘못이 밝혀진 이후 최단시간 내에 행해져야 효과가 크다. 처벌을 할 경우에는 처벌받는 사람의 자존심을 짓뭉개는 행위는 하지 않도록 해야 한다. 이것이야말로 처벌의 기본 규칙인 것이다. 즉 처벌받는 사람이 잘못한 정도에 맞게 처벌해야지 너무 야속한 처벌을 해서는 안 된다는 것이다.

처벌을 받더라도 함정에서 해당자에게 요구하는 최소한의 정도는 지켜지도록 해야 하며 그의 임무 수행에 심각한 영향을 주지 않을 정도, 즉 어느 정도 개인적인 자유를 누릴 수 있도록 해 주어야 한다.

함정에서는 자칫 주의를 게을리 할 경우 막대한 재산 피해와 인명의 손실을 입을 수 있기 때문에 부주의는 곧 군 범죄로 여겨진다. 처벌을 하는 것은 개인의 잘못을 바로잡고 동료 선원들에게 본보기를 보여주며 함정과 그 대원들을 보호하기 위한 수단이다.

무지하거나 난폭한 대원들에 대하여는 계급이 높은 사람들을 처벌하는 것보다 더 가혹하게 할 필요가 있다. 비록 소수이긴 하나 어떤 사람들은 존경심은커녕 복종 자체도 업신여긴다. 또한 극소수이긴 해도 비열한 대원들이 있다. 이들은 복종과 존경심을 '표현'하는데 있어서만 철저하다. 또 어떤 사람들은 명령을 받고 업무를 행하는 것보다 스스로 할 때 더 잘할 수 있다고 생각한다.

어떤 사람에게 독이 되는 것이라도 다른 사람에게는 음식(득)이 될 수 있다. 예를 들어 같은 서열의 대원 두 사람이 똑같은 잘못을 저질렀다고 가정해 보자. 이중 한명은 결혼하여 다섯 명의 아이를 가지고 있으며, 다른 한명은 의지하는 친척이나 아무도 없다고 가정해 보자. 결혼한 선원에게 감봉의 처벌을 주는 것은 아마도 그에게 가장 힘든 벌이 될 것이다. 왜냐하면 감봉이라는 처벌을 하면 그 자식들에게 제공할 음식이나 주거 환경 등 가장 기본적인 생활 유지에 영향을 미치기 때문이다.

그러나 다른 사람, 즉 의지할 친척조차 한명 없는 대원에게도 똑같이 감봉 처벌을 한다면, 이는 그가 다음에 육지에 나갈 때 약간의 돈이 모자라는 정도의 피해가 될 뿐이지 그는 이를 그다지 큰 처벌로 여기지 않게 된다. 따라서 같은 과실이라도 그 사람이 처한 상황에 따라 혹은 그 파급효과를 매우 신중하게 고려한 후 처벌해야 한다.

마스트에서 집행되는 처벌이 처벌위원회의 결정에 따라 결정된다고 하는 인상을 심어주는 것은 그다지 바람직스럽지 않다. 그렇지만 이것만이 유일하고도 합법적인 처벌 절차이며, 규정에 맞는 것으로 알고 있고 또한 그런 방법들만이 일반적으로 규칙에 맞는 것으로 인식되고 있기 때문에 처벌을 함에 있어서는 이런 합법적 절차를 거치도록 해야 한다.

공식적이지 못한 방법으로 행하는 일부 부서장들의 처벌 방법은 많은 이들로부터 비난을 받게 된다. 그들의 임의적 처벌 방법들은 어느 수준까지는 효과를 낼 수 있을지 모르나 장기적 관점에서 본다면 부정적인 효과가 더 많이 생겨나게 된다. 대원들은 부서장들이 행하는 처벌이 규정에 맞지 않는다는 사실을 알게 될 것이며, 조만간 이에 대한 불만을 나타내게 될 것이다.

일부 몰지각한 부서장들의 규정 위반 행위는 대원들로 하여금 해군 전체 규정을 불신하게 만든다. 대원들이 규율을 제대로 지키느냐의 여부는 대부분 함정 장교들의 태도나 매너 혹은 여러 가지 방법에 따라 결정된다.

지금부터 칭찬과 비난에 대하여 이야기 해보도록 하자. 대부분의 대원들은 주어진 업무를 잘 해내고자 노력한다. 처음 군에 들어온 신병도 잘 해보려고 최선을 다한다. 사람은 모두 자기중심적 생각을 하며 살아가고 있다. 또한 가끔 겉치레 말이라도 기분 좋은 말을 듣고 싶어 하며 아울러 스스로 자기 만족하는 경향을 약간씩 지니고 있다.

가끔 주위의 동료보다 뛰어나고 그들보다 나은 면모를 보이고 싶어 한다. 우리는 대개 다른 사람으로부터 비난받고 있는 사람을 좋아하지 않는다. 스스로 비난받는 사람이 되고자 하는 사람도 없다. 상관에게 만족스럽지 못한 결과물을 제시하거나 주어진 과업을 멋지게 해내지 못해 지적당하기를 좋아하는 사람은 없다.

자기 대원들을 존중할 줄 아는 장교는 칭찬하는 방법을 알아야 하며 또한 적절히 칭찬해 주어야 한다. 뿐만 아니라 잘못한 일을 보고도 하지 않고 어물쩍 넘어가는 부하들의 행위에 대해서는 처벌할 줄도 알아야 한다.

장교가 대원을 처벌하기 위해 마스트로 데려갈 경우 자기 스스로 그 부하를 통제할 수 있는 지를 생각해 보아야 한다. 처벌과 관련하여 마스트가 미치게 되는 영향은 부정적인데 이는 누군가가 진정한 규율 정신을 인식하지 못하거나 혹은 규율을 제대로 지키지 않고 적당히 취급한 결과에서 비롯된다. 마스트의 처벌심의위원회는 자신의 부하들을 제대로 훈련시키고 올바른 정신을 심어주기 위한 방법으로 시작된 것이다. 칭찬의 의미를 모르거나 제때 칭찬할 줄 모르는 장교는 스스로 불이익을 감수하며 일하는 멍청한 사람이라 할 수 있다. 다음에 언급된 말을 재차 상기해보자.

부하들의 칭찬 받을 만한 행동에 대하여 상급자는 바로 이를 말해줄 수 있어야 한다. 장교가 그러한 자세를 취하지 않는다면 그 부하들은 적시에 제대로 된 보상도 받지 못하게 될 것이다.

신병에게 적절한 말을 건네주고 쉽게 용기를 잃어버리는 대원에게는 용기를 갖도록 격려해 주며 부하들 모두에게 그들의 노고를 인정해 주는 말을 아끼지 않는 것, 관련 부서의 요원들이 훈련에서 훌륭한 성적을 거두었을 때 기분 좋게 미소 짓는 것, 그들에게 스스로 찾아가서 좋은 생각을 제시하는 것 등등 이러한 작은 행동을 계속 실천해 간다면, 그들을 위협하거나 마스트나 영창 혹은 법정에 가두는 일 없이도 그들과 함께 호흡하면서 주어진 과업들을 멋지게 수행해 나갈 수 있게 될 것이다.

만약 예하의 갑판장이나 부서장이 그들의 일을 훌륭하게 처리했을 경우, 당장 그 자리에서 이름을 거명하며 "정말 수고했어! 정말 잘했어!" 같은 치하의 말을 아끼지 말라. 이와 같은 치하의 말은 전혀 어려운 것이 아니며, 그들은 다음 과업을 임할 경우에도 당신의 기준에 맞춰 주어진 임무에 최선을 다하게 될 것이다.

그러나 한꺼번에 너무 많은 일을 맡기지 않도록 하라. 너무 많은 일을 한꺼번에 해야 한다는 사실을 좋아할 사람은 없다. 그렇게 한다면 상관을 위선적인 사람이라고 생각할 것이며 혹은 '상관 자신을 드러내기 위해' 노력하고 있다는 생각을 떨쳐버리지 못할 것이다. 또 하나 기억해야 할 사항은, 부하들에게 어떤 과업을 지시할 경우 여러 사람들 앞에서 당당하게 지시해야 한다는 것이다.

상관이 정말 화가 났을 경우는 예외겠지만, 대부분의 부하들은 비난 받거나 질책 당하는 일을 매우 불쾌하게 느낀다. 만약 어떤 장교가 잘 못한 부하에 대해 호통을 치기에 앞서, 그의 마음을 사로잡거나, 그를 감동시키거나, 그의 결점을 그의 입장에 서서 충고해 주는 재능이 있 다면 결국 그 부하는 자신의 과오를 뉘우치며 차후 그는 자신에게 주어 진 업무를 열심히 수행하게 될 것이다.

어떤 장교가 많은 사람들의 존경을 받는 인물이라면 대원들을 질책 하거나 지적할 때 그 효과는 지대할 것이다. 나는 자신보다 열 살이나 어린 함장에게 감동되어 눈물을 흘리던 한 직별장을 본 기억이 있다. 비록 개인적인 질책이었지만 그 직별장은 함장으로부터 아주 심한 책 망을 들었다. 만약 내가 그 함장이었다면 규정에 따라 처벌하였을 것 이며 공개적으로 마스트로 올라가서 처벌하였을 것이다.

물론 이렇듯 사용하기 쉬운 방법으로 성급하고 강력하게 규정을 적 용하면 안 될 것이다. 재치, 직관력, 자신의 센스, 인간성에 대한 지식을 중심으로 생각하고 나아가 자기 자신이 스스로 어떻게 처리할 것인지를 심사숙고해야할 것이다.

그러나 장교가 항상 부하들로부터 존경받고, 개인적인 사안에 대하여 자신감을 갖고 임해야 한다는 것은 아니다. 장교는 언제나 동정적 이해심을 갖고 있어야 하며, 부하들의 관점에서 문제를 해결해주고자 하는 노력이 필요하다. 이런 마음이 전달되었을 때, 비로소 부하들은 "이 상관에게는 내 마음을 털어놔도 되겠구나!"와 같은 감정을 갖게 된다. 엄격한 처벌로 다스릴 것이 아니라 필요에 따라 부하들을 심리적으로 통제하는 일이 보다 더 중요한 것이다.

여기서 논하는 처벌에는 질책과 비난이 함께 포함된다. '포상과 칭찬', '처벌과 비난'은 전체적인 것이면서도 어느 한쪽으로 치우지지 않을 때 그 가치가 더 커지는 것이다. 따라서 해당자에 대한 처벌이나 질책은 반드시 정확하게 판단한 후 실행해야 하며 그 의지 또한 확고해야 한다.

요즘 말로 표현하자면 부하들의 잘못에 대해 결코 '적당히' 넘어가는 일이 있어서는 안 된다는 것이다. 또한 장교는 해당 대원이 어떤 잘못을 저질렀는지에 대해 반드시 그리고 정확하게 인식시켜줄 필요가 있다.

부하들을 항상 주시하며 관찰하도록 하라. 그들이 사용하고 있는 언어표현들을 살피고 그들이 어떤 생각으로 과업에 임하고 있는지를 파악하라. 여러 부서에서 일하고 있는 많은 사람들의 관계를 살펴보는 것도 중요하다. 그들이 어느 쪽에 치우쳐 있는지를 파악하도록 하라.

또한 언제 어떤 단어를 사용하는지를 알고 있도록 하라. 가령, '꼬마(shorty)' 또는 'Red(좌익)' 혹은 'Slim(마약류 궐연)'이라는 용어를 사용하고 있지는 않은지 파악해 두어라. 가능한 한 부하들과 즐거운 시간을 가지도록 하고 함께 있어라. 이것이 어렵다면 스스로 유머 감각을 키워둘 필요가 있다.

그들이 사용하는 모든 종류의 교묘한 수법을 익혀두어라. 좋지 못한 영향을 끼치는 자들 혹은 그 우두머리가 누군지를 파악하도록 노력하여라. 또한 그들의 나이 또래에 당신 자신은 어떤 성향을 갖고 있었는지를 기억해 보아라. 생도 순항훈련 당시 자신은 어떠한 행동을 했는지 떠올려 보아라. 가능한 한 자신이 속한 중대에서 가장 예리하고 날카로운 사람이 되도록 노력하여라. 부하들이 당신에 대해 말할 때 다음과 같은 말이 들리도록 하라.

그 사람은 절대 어물쩍 그냥 넘어가지 않을 거야. 그 사람은 정말 영리하고 예리한 사람이니까.

혹 부하 중 일부가 당신에게 잘못하더라도 개인적으로 너무 기분 상하는 일이 없도록 하라. 보기에도 멋진 윙크를 보낸다 해도 그리 나쁘지는 않을 것이다. 그러나 자신이 결정하게 될 처벌은 (그 대상자가 법정이나 처벌에 연루되어 있어 심각한 상황이 아니라면) 절대 한쪽으로 치우치지 않도록 하여라. 또한 그냥 어물쩍 넘어가지 않도록 해야 한다.

과업을 지시할 경우에는 많은 사람들 앞에서 공개적으로 해야 하며,

질책을 할 경우에는 개별적으로 실시해야 한다는 것을 명심하라. 또한

어떤 일이 있더라도 화를 내지 않도록 주의하라.

제4장
부서장과 리더십

몇 년 전, 한 저명 연설가가 민간인 해군지원단을 대상으로 군 특성에 대해 연설한 적이 있다. 그는 '전문직 해군을 위한 20가지 내용'에 관하여 설명하였다. 그 주요 내용을 아래에 제시한다.

1. 전반적인 임무를 이해시키도록 하라. 미국인들은 자신의 생각이 받아들여지면 해당 과업에 적극 협조할 것이다.

2. 대원들의 제안을 받아들이며 그 제안을 신중히 고려해 보아야 한다.

3. 위와 같은 목적을 달성하기 위해 회의를 소집하라. 나는 하급 장교와 사병들이 제안한 내용으로 인하여 선박조종술, 포술, 무선통신 분야의 업무능력을 올리는 귀중한 경험을 하게 되었다. 부하들과 의논하는 일은 그들의 자존심을 일깨우며 그들이 진취성을 발휘할 수 있게 해준다. 나아가 충성심의 또 다른 표현인 '공동체 정신'을 고취시키는 데에도 큰 도움이 된다.

4. 가능한 실질적인 경쟁이 이루어질 수 있도록 하라. 이와 같은 경쟁은 가장 힘든 훈련에서조차도 흥미를 느끼게 한다.

5. 왜 끊임없이 훈련해야 하는지 그 이유를 설명해 주어야 한다. 신병은 강제적인 훈련이 필요하다는 것에 대하여 잘못 이해하기 쉽다. 심지어 나이든 장교들조차도 잘못된 생각을 갖게 된다. 대부분의 신병들은 왜 새로운 임무를 철저히 학습하고 또 매일매일 훈련을 받아야 하는지를 이해하지 못한다. 가령 예를 들자면 최근 등장한 총기의 장전 혹은 발포 조작 작업은 매우 단순하다. 초보자는 몇 가지 과정을 통해 자신의 임무에 관하여 학습할 수 있게 된다. 또한 시간이 제법 흐른 뒤에는 다른 대원들의 임무가 무엇인지에 대하여도 알게 된다. 따라서 끈질기게 반복되는 고된 임무수행과 조그만 지식을 갖기 위해 많은 노력이 들어가는 현실에 회의를 품게 되며 불만을 느끼게 된다. 이는 지식인이라면 누구나 느끼는 자연스러운 현상이다. 하지만 자신들이 무엇을 하는지 그

리고 왜 그것을 하는지에 대하여 이해하게 되면, 그들은 열정적으로 훈련에 임하게 된다. 하지만 그렇지 않다면 불만이 점증된다. 불만족스러운 정신 상태는 종종 탈영으로 이어지는 등 각종 문제 발생의 원인이 된다.

그러므로 장교들은 피교육생들에게 훈련의 목적인 다양한 작전에 필요한 임무 수행 방법에 관하여 간단하게 가르쳐줄 것이 아니라 그 훈련에 대하여 자세히 설명해 주고, 이해할 수 있도록 해 주어야 한다. 지속적인 반복 훈련을 통해 종국에는 무의식적으로 임무를 수행할 수 있게 해야 한다. 흔히 말하듯이 자신의 행동에 대하여 진정으로 생각하지 않는다면 이는 '뇌 없이 움직이는 척추'가 되어버리는 꼴이다.

6. 우리는 교육받은 내용을 모두 철저히 알고 있어야 한다. 직무에 대한 지식은 관련 업무를 집행할 때 통솔자 역할을 해 주기 때문이다. 신병 훈련용 낡은 함정인 콜로라도(Colorado)함의 갑판실

에 젊은 두 장교가 앉아 있었다. 이 장교들의 할아버지뻘로 보이는 한 늙은 조타수가 갑판실에 들어와 모자를 벗어 놓으려고 하였다. 그러자 그 장교들은 갑판실은 바깥이나 마찬가지라 모자를 벗을 필요가 없다고 말하였다. 그러자 그 조타수는 다음과 같이 말하였다. "젊은 분들이 나보다 훨씬 많이 알고 있는 것 같습니다만 아무래도 나는 모자를 벗고 싶습니다."

7. 어떤 정보든지 부하들이 알게 된 내용은 적극적으로 당신에게 알릴 수 있도록 권장하고, 또 그들에게 정보를 주기위해 노력하라.

8. 부하들에게 적당한 시기에 과업을 맡김으로써 그들이 솔선수범할 수 있도록 훈련시켜라.

9. 부하들이 당신에게 충성할 마음이 생기도록 하였다면, 당신의 문제 중 절반은 성공한 것이나 다름없다. 이후 그들의 지적인 능력

에 맞게 적절한 기회를 준다면 그들은 더욱 솔선수범하게 될 것이다. 그렇게 되면 부하들이 자신의 함정이나 부서의 장교들에 대하여 이야기 할 때, '그들'이라고 말하지 않고 '우리'라는 표현을 사용하는 팀원을 구성하게 될 것이다.

10. 더 높은 지위자에게는 최소한의 자료를 제시하며 군기를 유지하도록 하라.

11. 항상 경험이 없는 자들을 고려해 주어라. 벌을 줌으로써 조그만 과실을 줄일 수는 있지만 벌주는 것에 집착하면 항상 실수하게 된다.

12. 부하들을 대할 때는 모두에게 공평하게 대하라. 공평하게 대하는 것보다 더 충성심을 유발하는 것은 없다. 모든 것에서 부하들을 공평하게 대해주어야 한다.

13. 거친 매너를 사용하거나 무식한 방법을 사용하지 말아야 한다.
    벌을 주더라도 화가 치민 상태가 아니라 안타까워하는 심정으로
    벌주도록 해야 한다. 그럴만한 이유가 있다면 적절한 보상을 해
    주도록 하라.

14. 다른 사람들이 보는 앞에서 모욕을 줌으로써 그 해당자의 자기
    존경심마저 짓밟아버리는 어리석은 행동을 하지 않아야 한다. 자
    기 존경심이 사라져버리면 자기 자신을 무용지물로 생각하게 된
    다. 업신여김을 당한 사람은 그 사실에 대하여 억울하고 분한 마
    음을 갖게 된다. 많은 경우 상급자들이 부하들을 무지막지하게
    대하는데 이는 매우 위험한 것임을 명심해야 한다.

15. 자신의 격한 감정을 여과 없이 드러냄으로써 대원들에게 영향을
    끼치지 않도록 하라.

16. 부하들의 조그만 실수에 대하여 너무 심한 질책을 하지 말아야 한다. 잘한 점도 고려해 주라. 잘못한 것에 대하여 잘 설명해 주는 것이 차후 그런 잘못을 고치도록 하는 데 매우 좋다. 그래도 잘 고쳐지지 않으면 조직원 모두에게 효과적으로 설명해 주도록 노력해야 한다.

17. 어떤 형태로든 벌을 주는 이유는 다시는 그러한 일이 발생하지 않도록 하기 위함이다. 잘못된 개별 사안에 대하여 수정해 주거나 대원 모두에게 주의를 주는 것, 이 모두가 중요하다. 군기를 잡는다고 하여 복수하려는 감정을 개입시켜 사안을 처리해서는 안 된다.

18. 부하들의 행동에 대하여 어떤 조치나 행동을 취하기 전에 그로 인하여 조직 전체, 함 전체에 미치게 될 군기 문제를 깊이 생각하라.

19. 공식적으로 행하는 개별 사안 하나하나가 모두 어떤 형태로든 조직 전체에 영향을 주게 된다는 사실을 기억하라.

20. 상부에 대한 적개심을 갖지 않도록 할 것이며, 비아냥거리는 말을 하지 않도록 하라. 또한 악의 없는 말이라고 하더라도 상부에 대하여 비판하지 않도록 하라. 장교가 무심코 내뱉은 파괴적이면서 비판적인 한 마디는 금방 함정 전체로 퍼지며 이는 곧 함정 전체를 파멸로 이끌어가게 된다.

로드 저비스(Lord Jervis) 제독은 다음과 같이 말한 바 있다.

군기는 사관실에서 이루어진다. 나는 대원들이 겁나는 것이 아니라, 경솔하게 내뱉는 장교의 대화 내용이 겁나고, 수명한 지시사항을 왜곡시키는 건방진 장교의 말이 겁난다.

다음은 리더십 관련 작문에서 수상한 작품 가운데 일부를 발췌한 것이다.

잠시 하던 일을 멈추고 신병의 입장으로 되돌아가 봅시다. 신병인 당신이 부서장에 대하여 느끼는 점은 어떤 것일지 생각해 봅시다. 부서장이나 초급 장교들은 여러분에 대하여 어떤 생각을 하고 있습니까? 부서장들이 여러분들을 관심 있게 대합니까? 아니면 무관심하게 대합니까? 여러분들의 복장이나 용모에 관하여 아무런 관심도 없습니까? 그들이 여러분들의 목소리에 귀 기울이며 걱정하고 있습니까? 여러분들에 대하여 거세게 대하며 막무가내로 몰아갑니까? 큰소리로 윽박지르거나 저속한 표현을 사용하고 있습니까? 지시사항을 내리면서 "이것 좀 해주지 않으시겠습니까?"하는 투로 말합니까? 조그만 사항에 대하여도 흥분하면서 여러분들의 가슴을 섬뜩하게 만들지는 않습니까? 그렇지 않으면 당신을 정말 조직에 적합한 대원으로, 자신 있는 사람으로, 심지가 굳고 예의바르며 군인으로서의 자질을 갖춘 사람으로 생각합니까? 당신은 그들이 합당한 지휘계통을 지키며 지시하면서 지시한 내용은 한 치의 오차도 없이 수행되리라 믿습니까? 또한 그 부서장들은 마음 속 깊은 곳에서부터 충분한 수양이 된 사람들이라고 믿습니까?

시간이 흐르고 좀 더 가까워질수록 당신과 함께 하는 그 자체로도 일이 잘 된다는 것을 알고 있습니까? 아니면 그저 책임만을 부과하는 그러한 타입의 부서장입니까? 함께 일하다 보면 자신의 모든 것을 다 내던져도 후회 없을 것 같은 부서장입니까? 날씨가 아무리 덥더라도 혹은 비가 억수같이 내려 엉망이 된 상태라도 그를 위해서 도움이 되어주고, 함께 일하고 싶은 그러한 부서장입니까? 그가 법을 어길 때면 왜 그가 잘못했는지에 대해 서슴없이 말해주고 싶은 부서장입니까? 아니면 당장 그와 헤어지고 싶은 마음이 드는 그러한 부서장입니까? 같은 부서에 있다는 혹은 같은 함정을 타고서 운명을 같이 하고 있다는 생각이 드는 그러한 부서장입니까? 어떠한 곤경이 찾아와도 끊을 수 없는 일체감을 느끼고 있습니까? 그가 어려움에 처하였을 때 혹은 조언이 필요할 때 가장 먼저 찾아가서 이야기해주고 싶은 마음이 드는 그러한 부서장입니까? 자기 자신의 영향력을 한껏 발휘하고 모범을 보이는 등 최선을 다하는 진정한 리더라고 생각합니까? 아니면 할 수 없이 상부로부터 복종해야 하기에 하부에 압력을 가하는 등 억지로 쥐어짜는 그러한 사람입니까?

이러한 모든 질문들에 만족스러운지 미리 생각해보아야 한다. 대원들을 신뢰하라! 나는 대원들을 자기 마음대로 대하거나 업신여기는 리더는 성공할 수 없다고 믿는다. 워털루 전쟁 당시 픽톤(Picton)은 대원들을 향해, "도둑놈들, 소매치기들, 이리 들어오게."라고 말하며 그는 다정하게 웃어주었다. 여기서 감히 내가 말하고 싶은 것은 그가 대원들을 자기마음대로 몰아가지는 않았다는 점이다. 즉 그는 대원들을 이끌어 나갔던 것이다.

요즈음 우리는 사관실 혹은 조타실에 앉아 자신이 시급히 처리해야 할 제반 문제에 대하여 투덜거리는 젊은 장교들을 흔히 목격하게 된다. 그들이 나태한가? 그렇다면 당신은 더 부지런해지도록 노력해야 한다. 그들이 추잡하거나 군인으로서의 모습을 보이지 않는가? 그렇다면 당신 자신은 스스로를 비난할 만한 것이 없는지 되돌아보아야 한다. 사기가 떨어져 있는가? 그렇다면 용감하게 나서서 대원의 일원으로서 어떻게 해야 하는 것인지를 보여주어야 한다.

대원들을 더 잘 알고자 노력하고, 그들과 함께 일하며, 그들을 지도하라.

보고해야 할 일은 보고하고 칭찬할 일은 칭찬해야 한다. 그러나 어떤 일을 하든지 신뢰를 잃어버리는 일은 없도록 해야 한다. 신뢰는 잃는다는 것은 대원들의 희망을 없애는 일이 아니라 당신 스스로를 좌절하게 만드는 일이기 때문이다.

우리가 좋은 가정에서 태어나서 잘 자라고 또 좋은 대학에서 교육을 받았다 할지라도, 혹은 졸업 후에는 훌륭한 직장에서 좋은 보직을 받았다 할지라도, 불운한 가정에서 인생을 시작한 사람들에게 우리가 전해줄 그 무엇인가가 없다면 그 사람들에게 무슨 소용이 있는가? 결국 소중한 것은 장비가 아니며 규정이 아니라 사람이다.

우리는 나타난 결과 자체만으로 판단하기 쉽다. 그러나 그 결과를 일으킨 실제 문제는 사람이라는 사실을 고려해야 한다. 이를테면 어떤 배가 첫 항해를 할 때 청결상의 문제로 인하여 계속 문제가 발생하는 경우를 생각해보자. 존이라는 사람이 갑판장직을 수행하고 있다면, 그러한 문제를 해결하기 위해서는 항해 관련 사항이 아니라 존이라는 인물에 초점을 맞추어야 한다.

그에게 여러 가지 질문을 하고 또한 점검을 계속함으로써 우리는 함정을 수리할 수 있게 될 것이다. 그러나 만약 존이 직접 수리하고, 이로써 그가 자부심을 갖게 되며 또한 자신이 책임지고 있는 함정 관련 사항을 슬기롭게 대처해 갈 수 있도록 해 준다면 기대 이상의 효과를 낼 수 있게 된다. 왜냐 하면 함정 정비뿐만 아니라 갑판장 존이 함정에 대한 부담감을 느끼기보다는 또 다른 함정 자산으로 바뀌기 때문이다. 이렇게 뿌려진 씨는 시간이 갈수록 거두어들이는 바가 많아지게 된다.

이와 같은 원리는 다른 여러 경우에도 적용된다. 그러한 관계를 유지해 두도록 하면 함정 전반에 대하여 미치는 영향이 적지 않다. 자기 자신이 진정한 리더가 될 수 있도록 노력해야 한다. 이렇게 한다면 존과 함께 하는 모든 대원들도 존과 같은 마음을 품게 될 것이다.

만약 일이 잘못되었을 경우에는 모든 수단을 동원하여 매사를 정상 위치로 되돌려놓아야 한다. 그러나 그것으로 일을 종결지어서는 안 된다. 왜 그 일이 잘못되었는가? 누구의 잘못으로 인하여 잘못된 것인가를 파악하고 관련된 사람을 '수리' 해야 한다.

그를 질책하거나 격려하거나 가르쳐 주거나 아니면 법정에 서도록 하라.

최선을 다하노라면 최선의 지혜를 얻을 것이다. 그러나 그를 개선시키지 않고 그냥 나 몰라라 한다면 모두들 같은 진흙탕에서 구르는 일이 생길 것이다. 나아가 그와 다시 함께 일하게 될 경우 지난 일을 되새겨보면서 다음처럼 자신에게 반문해 보아야 한다.

그가 일을 잘못하게 된 것이 혹시 나로 인한 것은 아니었나? 나에게 문제가 있었던 것은 아닐까?

요즘 세일즈맨이 자주 사용하는 표현으로, 나 또한 확신하는 것 중 하나는 사람은 '판매하는 것'이라는 것이다. 즉 상대방이 원하는 것을 최상품으로 만들어서 상대방에게 확신시키는 일인 것이다. 진정한 리더십을 연습해 보고자 하는 사람도 똑같은 방법으로 자기 자신을 '판매하는' 훈련을 해야 한다. 즉 주어진 지휘계통에 가장 적절히 업무를 수행해 낼 수 있는 확신을 심어주는 일이다.

"우리는 항상 전투 혹은 비상상황을 대비해 두고 있다." 군에서의 일은 이렇듯 간단하게 말할 수 있다. 그러나 이 간단한 사실을 망각하고 있었다면 다시 한 번 자신의 생각이 바뀌지 않았다는 것을 나타내 보여야 한다.

1905년 12월 11일 오후 포츠머스 조선소에서는 미 함정 한 척이 새로 취역하였다. 취역 얼마 전에 함장과 부장 그리고 부서장들이 그 함정으로 부임하였다. 단 한 명의 승조원도 없는 함정의 외부, 특히 갑판 부분은 얼음과 눈으로 쌓여져 있었다.

여러 함정 또는 기지로부터 차출되어 온 대원들은 그날 오후 훈련이 계획 되어 있었다. 대략적인 내용을 전달받은 부장은 회계담당자에게 그들이 아침부터 아무 것도 먹지 못했음을 알려주었다. 함장은 이에 관심을 보였다. 즉 그들이 도착하면 적절한 환영을 하고 따뜻한 음식과 음료수를 제공하도록 지시하였다.

차출되어온 대원들이 함정에 도착할 때 회계관은 부엌에 불을 지피고 고기를 썰고 감자를 삶기 시작했다. 회계관은 요리사가 되었으며, 나머지 사람들이 그를 도와주었다. 오후 4시경 대원들이 도착했을 때에는 삶은 고기, 감자, 빵, 버터, 뜨거운 커피 등 많은 것들이 풍성하게 준비되었다.

내가 처음부터 이렇게 말하는 것은 차후 함장이 될 때를 대비하여 생각해 보라는 것이다. 함장의 큰 자산은 인간 본성을 이해하고 친절을 베푸는 데 있음을 알아야 한다.

함장발령이 난 다음날 그는 장교들을 초대하여 성대한 잔치를 베풀었다. 대원들은 서로들 의아해하였는데 왜냐하면 그러한 일이 처음이었기 때문이다. 전 함장은 계급 낮은 대원들에게 많은 일을 시켜왔다. 함장은 기록되어 있는 내용물들을 보면서 다음과 같이 말하였다. "어라, 여러분들 중에는 진정한 천사가 하나도 없구나!" 다음날 아침 함장은 모든 대원들을 소집시켜 다음과 같은 말로 개개인의 심금을 울렸다.

본 함장은 출동명령을 받았다. 이제 우리는 바라호나(Barahona) 항구를 탐색하게 될 것이다. 그러나 내가 여러분들에 대한 기록을 살펴보면서 대부분이 진실 되지 않고, 게으르며, 복종하지 않는 자들이라는 것을 알게 되었다. 우리에게 주어진 임무는 즉각 이행되어야 한다. 여러분들의 과거 기록은 대개 좋지 않다. 그러나 나는 여러분을 과거의 여러분으로 판단하지 않을 것이다. 나는 언제나 인간적인 관점에서 내 스스로 여러분들을 판단할 것이다. 새로 시작하는 마음으로 여러분들에게 진심으로 말한다. 크리스마스도 다가오고 있으니 여러분들 중 절반은 이제 이틀 동안 상륙을 나갔다가 크리스마스 이브 24:00시에 귀대하게 될 것이다. 그 때 나머지 절반이 상륙을 실시할 것이다. 상륙 대원들은 귀대 시간을 철저히 지켜주기 바란다. 나는 여러분들을 믿는다.

위 예는 가상으로 만들어낸 것이 아니라 실제 있었던 일이다. 대원들은 하나같이 시간을 엄수하였고, 이에 나머지 대원들도 모두 시간에 맞추어 상륙을 실시할 수 있었다. 심한 상처를 입은 대원도 있었지만 그 또한 귀대시간을 엄수하였던 것이다.

그 함정의 늙은 갑판장은 메리맥 강(Merrimac River)을 지나면서 이동 훈련에 몰입하였다. 하지만 도중에 사고를 당해 생명이 위태로웠다. 모든 생리학적인 상황을 종합해보면 죽을 수밖에 없는 상황이었지만 이후 뼈의 어떤 부분도 상처입지 않고 다른 신체 부분도 심각한 손상을 입지 않았다.

14개월 동안 함상 보급을 받으며 그리고 마지막 순간까지 모진 작업을 견뎌내야 했음에도 그 함정은 새해 전날까지 계속 순항하면서 그 파란만장한 시간을 이상 없이 마무리하였다. 대원들과 함께 순조롭게 출발한 덕분이었다. 그리하여 그들은 곧 아무런 사고도 없이 매사에 최선을 다하는 가운데 항해를 끝낼 수 있었던 것이다.

임무를 마친 함정은 보스턴으로 향하였다. 그동안 함정은 아무런 문제없이 좋은 실적을 이루어냈다. 1907년 2월 함께 승함했던 대원들과 함께 포츠모스(Portsmouth) 항으로 되돌아온 함장은 그동안 최선을 다해 완벽하게 임무를 완수한 대원들을 격려하였다. 14개월의 항해기간 동안 대원들 중에서 법정에 서거나 탈주하거나 감금되거나 벌을 받은 자는 단 한명도 없었다.

나중에 알려진 바는 일부 지도급 대원들이 경미한 범칙을 행한 대원들에 대하여 지도하기 위한 목적으로 재캐스 법정(Jackass Courts)을 만들어 운영하였다는 것이었다. 매우 충성스러운 대원들이 몇 가지 중요 사항들에 대하여 책임을 지고 있었음은 두 말할 필요가 없다. 사기가 높다는 그 자체만으로도 그러한 책임을 지겠다는 확고한 의식을 갖게 만든 것이다.

함장이 해군 관련부서에 보낸 보고서를 읽은 항해국장은, 함장과 장교 그리고 전 대원들에게 훌륭한 팀워크를 발휘하며 주어진 임무를 성공적으로 완수한 데에 대한 치하편지를 보냈다. 항해국장이 지시한 내용에 의하면, 모든 대원들이 그 내용을 읽도록 하고, 장교들에게는 한 부씩 복사해 주고, 또한 대원들이 집합하면 읽어볼 수 있도록 게시판에 올리라는 것이었다.

이 모든 지시사항을 이행한 후 '늙은 노병'은 사관실에서 그 누구도 흉내 낼 수 없는 환한 미소를 지었다. 그 미소는 장교들이 평생 잊을 수 없는 모습으로 남게 되었다. 그가 오랜 기간 동안 대원들과 함께 성공적으로 임무를 완수한 것에 대하여 간단히 요약한 내용은 다음과 같다.

작은 기교 하나로, 느껴지는 감각 하나로, 사람본성을 이해하는 보잘 것 없는 내용 하나로, 그 중에서도 작은 애정을 보여준 것뿐인데…

장교와 사병의 관계

다음은 한 젊은 소위의 진급심사위원회에서 있었던 내용이다. 그 소위는 심사 중에, "대원들은 장교에 대하여 어떤 생각을 갖고 있어야 하는가?"라는 질문을 받았다. 이에 그 소위는 즉각 '존경심'이라고 답하였다. 그러자 상급자는 다시 질문하였다. "그렇다면 장교는 대원들에 대하여 어떤 마음을 갖고 있어야 하는가?" 그 소위가 잠깐 망설이자, 상급자는 즉각 '존경심'이라고 말해 주었다.

그렇다. 장교와 대원들 사이에는 상호간 존중(존경)해주는 마음이 있어야 하며 모든 일은 이에 기초하여야 한다. 상호간 존경하는 마음을 유지하는 일은 장교의 손에 달려있다. 장교에 대한 대원들의 존경심이 장교의 됨됨이를 측정하는 바로미터가 된다.

장교의 행위에 진실성이 담겨있고, 정의가 살아있고, 대원들의 복지에 관심이 있고, 위엄이 있고, 매사 처세를 분명히 하고, 함장의 명령에 대하여는 확고하게 복종할 것을 요구하고, 자신이 담당하고 있는 업무

관련 지식이 풍부하고, 이 외에도 필요한 자질들을 갖고 있다면 대원들은 장교를 존경하게 된다.

미국의 해군 수병들은 멋지다. 어느 나라에서 근무하거나 그들은 패기에 넘치고 지식을 겸비하였으며, 스스로를 존경하고 있는 미국의 대표자들이다. 외국에서 태어나서 미 해군이 된 사람들의 수는 얼마 되지 않지만 그러한 사람들도 미국의 일반 수병들과 마찬가지로 미국화되어 있다. 영어로 발음하기 어려운 이름을 지닌 사람들도 더러 있다. 외국 문화의 영향으로 인하여 그러한 사람들의 수는 점점 더 빠른 속도로 늘어가고 있지만 동부의 큰 도시들에서 보는 바와 같이 군에서는 그리 우려할 만한 일이 아니다.

최근 몇 년 간 미국으로 이민 온 사람들의 수는 그다지 많지 않다. 그럼에도 불구하고, 비록 그 수가 대단히 많지는 않았지만, 해군에 입대한 대원들이 모두 외국인이었던 때가 있었다는 사실은 좀 이상한 일이다. 최근에는 뉴욕 인구 중 미국에서 태어난 사람보다 외국에서 태어난 사람이 더 많다고 한다. 또한 미국 전역에서 일하는 노동자는 그 대부분이 외국인들이다. 해군에서 나타나는 현상은 미국 전역에서 나타나는 현상과 크게 다르지 않다.

　미국 수병들이 원하는 것은 자신을 있는 그대로 받아들여주고 대우해 달라는 것이다. 그들은 지식 있고 능력 있는 사람이 되기를 원한다. 자신을 업신여기지 말아달라고 요구한다. 자기 스스로 나아가는 생활을 영위하고자 노력한다. 자신에게 부여된 책임을 기꺼이 완수하고자 노력한다. 제한된 그들의 역할을 고려할 때 이는 바람직한 일이다. 그런 가운데서도 그들은 스스로 운명을 개척해 나가고자 노력한다. 자신에게 주어진 능력을 사용하려고 하는 사람들을 억압하는 짓은 위험한 행위이다.

　각 개인의 발전을 위해 노력하고 바른 길로 나아가도록 도와주는 것이 리더십의 핵심이다. 대원들은 왜 수많은 지시사항을 이행해야하는지 그러한 지시가 누구로부터 나오는 것인지를 알고 싶어 한다. 따라서 그들에게 실질적인 내용과, 효과적인 혹은 일관성 있는 업무처리 방향을 알려주어야 하며 또한 군기와는 어떻게 연관되는 것인지를 설명해 주어야 한다.

그들은 자신에게 맡겨진 과업에 대하여 많은 생각을 하게 된다. 업무와 관련한 제안사항을 내놓으면 그렇게 할 수 있도록 격려해 주어야 한다. 그들이 하는 말을 성의껏 들어 주어야 한다. 어떤 경우 그들의 제안 내용에는 매우 값진 것들도 포함되어 있다. 그 내용이 실현성 없는 것이라 판단되면 왜 그러한 제안을 받아들일 수 없는지를 설명해 주어야 한다.

대원들은 위선적인 말투, 성실하지 않은 태도, 그리고 위선적인 행위를 경멸한다. 그들은 장교들을 좋아하고자 노력한다. 장교들을 존경하고자 하며 다른 함정 대원들에게도 자신이 모시는 장교들을 자랑하고 싶어 한다. 군기를 세운다고 원망하지 않는다. 군기가 필요하다는 것을 잘 이해하고 있다. 그러나 기강을 세움에 있어 원칙을 지키지 않을 때 이를 원망하게 된다.

그들은 장교들을 존경하고 그들이 곁에 있다는 사실을 기꺼이 받아들인다. 그러나 장교들 또한 자신들이 하는 일에 대하여 존중해 주기를 바라고 있다. 자신들을 향해 예의를 갖추고 공손하게 존중하는 일면을 보여주기를 바라고 있다. 장교들이 자신의 부서에서 근무하는 대원들의 이름을 모두 알지 못하는 것보다 더 나태한 것은 없다. 구축함의 부장이나 소형함의 부장은 소속 대원들의 이름을 모두 외우고 있어야 한다.

대형함의 부서장들 또한 자기 부서의 부사관들을 포함한 대원들의 이름을 모두 외우기 위해 최선의 노력을 기울여야 한다. 해당 부서의 이름을 외우는데 있어 천부적인 소질을 갖고 있는 사람들도 있다. 그들은 본능적으로 혹은 즉각적으로 그들의 이름과 얼굴을 기억해낸다. 그러나 그런 능력이 없더라도 적절히 노력하면 그들의 이름을 기억할 수 있게 된다.

예컨대 대원들을 향해, '어이 거기!' 혹은 '야!' 따위로 부르는 일보다 더 사람을 경멸하는 일은 없다. 그런 식으로 대원들을 부르면 그들이 최선을 다해 일한 성과를 한순간에 업신여겨 버리는 결과를 초래한다. 장교에 대하여 감사하는 마음이 한순간에 사라져버리는 것이다.

수많은 대원들에 섞여 있는 자신의 존재를 확인시켜주지 않으면, 그냥 썩고 있다는 느낌을 갖기 십상이기 때문이다.

장교가 자신의 이름조차 기억하지 못한다면, 그들은 최선을 다해 일할 이유를 찾지 않을 것이며, 최선을 다해봐야 어떤 보상도 없고 고마워하지도 않을 거라고 생각하게 될 것이다. 그렇다고 해서 그를 비난할 수 있는가? 그 대원이 그렇게 생각하는 것이 비정상적인 것인가? 당신도 그런 입장이라면 그 대원과 같은 생각을 갖고 행동하지 않겠는가?

물론 특수한 유형의 대원도 있다. 평상시에는 잘 생활하다가 여건이 조금만 어려워지면 부서장을 어렵게 하고 화나게 만드는 대원들이 이 부류에 속한다. 이러한 경우에 '야!' 또는 '이봐!' 하고 부른다면 이것 역시 화를 자초하게 된다. 그런 경우라도 예의를 갖추어 그의 이름을 부르도록 하고 당신이 부하에게 할 수 있는 예의를 지키도록 하라. 대원들은 어느 조직에서든지 간에 여러 가지 유형이 있다는 것을 항상 기억하라.

아침 일찍 점호를 하게 되면 대원들의 경례에 대하여 멋있게 답례하고, 웃음 지으며 기분 좋은 목소리로 "좋은 아침이구나, 존스." "그레그, 커피가 참 맛있구나!" 또는 "루이스, 다른 격실에도 이 맛있는 커피를 갖다 주면 좋겠는데."하며 말하라.

해변에서 대원들을 만나거나 답례를 해야 할 경우라면 "루이스, 좋은 아침이다." 등과 같이 그 상황에 적절한 표현을 사용하도록 해야 한다. 혹시 그 대원들 중에는 모르는 사람들이 같이 섞여있지는 않은지 확인하라. 만약 그렇다면 당신 대원들은 같이 동행하는 자들에게도 좋은 인상을 주게 될 것이다. 힘없이 걸어가던 그들은 상관이 이름을 불러준 사실에 대하여 고무될 것이다. 이름을 불러주는 것은 그 이상으로 많은 것을 베푸는 일이 된다.

길 가의 개라고 해서 마구 차버린다면 그 개는 당신을 좋아하지 않을 것이다. 하물며 수병들은 오죽 하겠는가? 사람이든 미물이든 간에 모두가 마찬가지로 선은 선으로, 악은 악으로 갚고자 하는 것이다. "뿌린 대로 거둘 것이다!"라는 격언처럼 대원들을 잘못된 방향으로 나아가게 하고 있는 것은 아닌지, 정말 충성의 씨앗을 뿌리고 있는지를 스스로 자문해 보아야 한다.

그 무엇보다도 부하들을 경멸스럽게 혹은 고통스럽게 하는 일은 그들을 배려하지 않고 무식하게 대하는 짓이며, 혹은 그들을 위협하는 짓이다. 그러한 장교는 결국 경멸을 받게 될 것이며, 무엇보다 그러한 행위처럼 자신의 무력함과 모자람을 잘 드러내는 일은 없다.

수병들을 인간적으로 그리고 입장을 바꾸어서 생각하며 그들을 대해 주어라. 그러나 그들을 어린 응석받이로 생각해서는 안 된다. 당신이 수병일지라도 기쁜 마음이 솟아날 수 있게 해야 한다.

필요하다고 판단되면 기록에 남기도록 하라. 그러나 화가 난 상태에서 혹은 초조한 감정을 가지고 대하면 안 된다. 훌륭한 장교는 주어진 틀 안에서 행동한다. 대원들을 향해 그들이 어떻게 해야 하는지를 일러주어야 한다. 그들은 지금 어떤 입장에 처해 있는 지를 알려주어야 하며, 요구 사항이 있으면 이를 일관되게 요구해야 한다.

대원들이 적당히 하루하루를 넘겨버리지 않도록 하라. 그들이 자신의 에너지를 다른 곳에 발산하는 일이 없도록 해야 하며, 그들 또한 함정의 일부분이라는 것을 유념하고 함정의 목표를 벗어나 생활하는 일이 없도록 해야 한다. 대원들의 잘못된 행위는 그들의 책임이 아니라 부서장의 책임이다. 순간적일지라도 부서장이 부패하였기 때문이라는 것을 명심하라.

어떤 장교들은 대원들로부터 인기가 떨어질 것을 우려해서, 명확한 기준을 세우고 이를 지속적으로 집행하고자 하는 용기가 부족하다. 또 어떤 장교는 너무나 나태하다. 만약 장교가 자신의 임무를 수행함에 있어 지녀야 할 기본 요소가 모자란다면 우리는 그가 대원들을 제대로 훈련시킬 것이라는 기대를 할 수 없게 될 것이다. 잘못되어 있는 기본 내용을 수정할 수 없다면, 혹은 대원들의 잘못을 지적하고 이를 바로잡을 수 없다면 그는 그에게 주어진 임무를 수행하지 않는 것이 된다. 이는 실패한 장교가 된다는 것을 의미한다.

예의를 갖추고 대원들을 대하라. 그러면 그들은 진심으로 당신을 좋아할 것이다. 이행해야 할 명령에 대하여 일관성을 갖고 확인한다면 존경받는 장교가 될 것이며, 만약 대원들이 당신을 좋아하고 존경한다면 당신이 필요하다고 생각하는 일이 생길 때마다 그들은 항상 최선을 다해 도울 것이다.

명령

지시(order)와 명령(command)은 흔히 같은 의미로 사용되는 것 같지만 확실히 다른 차이점이 있다. 지시는 대개 그 지시를 받는 사람이 이행해야 할 방법이 함께 전달된다. 지시는 어떻게 이행되어야 할 것인가에 대하여 항상 그 구체적인 사항이 내용에 포함되는 것은 아니지만 대개 언제까지 마무리되어야 할 것인가가 정해진다.

이에 반하여 명령은 이를 이행하는데 있어 구체적인 지침이 없다. 대개 명령은 단호하고 자의적이며 특별한 언급이 없는 한, 수명 즉시 이행해야 한다는 의미를 내포하고 있다. 만약 당신이 갑판장에게 주말까지 충돌대비용 매트를 다시 재정비하라고 말한다면 이는 지시가 된다.

만약 당신 앞에 있는 재정 문제를 안고 있는 정직한 사병이 있다면 적절한 위엄을 갖추고, 그의 현안에 대하여 알아보고 대부를 받아 해결할 수 있도록 해 주어야 한다. 그렇게 할 때 문제는 공적으로 그리고 법적으로 해결될 수 있는 것이다. 대부금에 따라 조금씩 갚게 되며 매월말에는 그 상태를 알 수 있다. 그러한 조치를 취함으로써 추후 발생할 수 있는 손실을 줄일 수 있게 될 뿐만 아니라 시간이 제법 흐른 뒤에 감당할 수 없는 상황으로 몰아가는 일이 없도록 조치할 수 있게 된다.

또 다른 문제는 대원들이 당신에게 돈을 맡기고자 하는 경우이다. 일반 대원들의 경우, 자신이 가진 돈을 안전하게 보관할 장소가 없는 것이 사실이다. 자신의 물품 보관소에 넣어둔 돈이 없어지는 경우가 종종 발생하기 때문에 당신에게 돈을 맡겨달라고 부탁할 것이다.

그러나 그런 돈을 맡겨주지 않도록 해야 한다. 만약 그러한 돈을 맡는다면 결국에는 크게 후회하게 될 것이다. 그런 일에 대하여는 함정 내의 재무관이 적합하다. 재무관의 임무 중 하나가 대원들의 돈을 맡아 안전하게 관리하는 일인 것이다. 재무관을 활용하라고 대원들에게 일러주고, 필요하다면 재무관과 대원들을 만나도록 주선해 주어라.

재무관이 없는 함정에서는 대개 함장 또는 부장이 그러한 업무를 담당하며, 간혹 함정 내에 관련 업무를 볼 장교를 임명하기도 한다.

모범

부서장은 곧 그 부서의 제반 상태를 보여준다. 부서는 그 부서장의 거울인 것이다. 좀 더 범위를 좁혀서 말하면 부서장은 부서 내 위관장 교들의 거울이라고 할 수 있다. 부서와 부서장을 이렇게 밀접하게 연관시키는 것은 좀 무리라고 볼 수도 있을 것이다. 그러나 여하간 부서장은 항상 대원들 앞에 노출되어 있고, 대원들은 자신의 상관을 흉내 내고자 하는 욕구가 강하기 때문에 부서장의 행동은 자신도 모르는 사이 큰 영향을 미치게 된다.

만약 부서장이 대원들로부터 존경을 받고 있다면 그러한 흉내는 훨씬 좋은 효과를 낼 것이다. 장교로서 단정한 군복 혹은 양호한 복장 상태를 유지하는 일, 상관에 대한 충성심 혹은 함정 업무에 바치는 열정, 개인적 매너, 더 나아가 그가 피우는 담배의 브랜드까지도 대원들은 무의식적으로 흉내 내고자 한다는 것을 명심해야 한다.

부서장이 대원들에 미치는 파워나 영향에 대하여는 더 많은 관심을 갖고 있어야 한다. 부서장의 군기, 깔끔함, 교육, 규율, 성공 등과 관련한 점수는 그 장교가 맡고 있는 직무에 대한 전문성, 혹은 리더십 정도에 따라 달라진다. 부서장은 그 부서를 만들어가기도 하지만 그 부서를 와해시켜 버리기도 한다. 이는 곧 조직을 구성하는 힘은 부서장으로부터 나온다는 의미이다.

부서장은 여러 장소에서 각자 근무하는 대원들의 업무에 대하여 세부적으로 알고 이를 통제해야 한다. 대원들을 교육시키고, 훈련시키며, 개인별 목표 또는 임무를 전달해야 한다. 대원들의 미래는 부서장에게 달려있다. 부서장은 대원들이 한 단계 더 성숙하고 발전하기를 권고하면서도 또 한편으로는 그 반대의 행동을 취하기도 한다.

그들이 효과적으로 업무를 배분한다면 대원들이 실시한 업무는 나중에 그들의 큰 자산으로 활용될 수 있다. 부장의 요청에 따라 부서장이 한 개인에 대해 언급하는 내용이나 인정 혹은 불인정은 조만간 큰 파급효과를 내게 된다. 부서장은 각 대원에 대하여 제반 복장상태, 가방정리 상태, 화장실이나 식당의 위생상태 등을 평가한다. 또한 영수

증 정리 상태를 감독하며, 그들을 힐난하거나 명령하며, 불만족스러운 사항에 대하여 말한다.

부서장 역시 대원들과 마찬가지로 칭찬을 듣고 싶어 한다. 그 어느 부서장도 비난 혹은 욕하는 말은 듣고 싶지 않을 것이다. 부서장에게는 물질과 도구와 권한이 주어진다. 그렇다고 해서 눈에 보이는 성과만을 위해 많은 것을 엄하게 몰아가서는 안 된다.

초급장교

초급장교는 소속 부서에 대해 연구하며 부서장을 보좌한다. 그는 만사를 제치고 부서장을 위해 헌신해야 한다. 초급장교의 관점에서 볼 때 부서장이 잘못하는 일은 하나도 없다.

초급장교는 부서장의 요구가 있을 경우, 그를 도울 수 있는 능력을 갖추고 있어야 하며, 항상 부서장의 요구를 받아들일 준비가 되어 있어야 한다. 또한 초급장교는 어떤 환경에 놓이더라도 업무를 수행할 수 있도록 늘 연구하고 학습해 두어야 하며, 상관이 업무처리를 어떻게 하는지를 눈여겨보고 부서 내의 대원들을 훈련시키도록 해야 한다.

초급장교는 자신의 업무처리 방법을 익히고 대원 개개인의 기질과 특성에 맞추어 가장 적합한 일을 배분할 수 있도록 준비해야 한다. 그리고 자신의 업무를 배우다가 쉽게 지쳐버리는 일이 없어야 한다. 훌륭한 부서장과 마찬가지로 훌륭한 초급장교는 자신이 책임지고 있는 포와 포대 그리고 탄약장치 등에 관해 부서장보다 더 많이 알고 있어야 한다.

초급장교는 에너지로 충만하며, 다분히 공격적이고, 주도권을 잡고자 하며 또한 자신에게 주어진 임무는 마지막 순간까지 부서장과 일심동체가 되어 일을 추진해 나가야 한다. 훌륭한 초급장교라면 비록 느슨하고 비효율적인 부서장 아래에서 근무하더라도, 자신이 속한 부서가 좀 더 나아지도록 노력하게 될 것이다. 반면 엉성한 초급장교는 훌륭한 부서에 대하여 말로 표현할 수 정도의 피해를 입히게 될 것이다.

초급장교는 나이도 적고 경험도 별로 없기 때문에 부서장보다도 더 많은 노력을 기울여야 하고 대원들과 공감할 수 있는 계기를 더 많이 만들어야 한다. 이와 같은 이유로 초급장교들에게는 더 많은 노력이 요구되는 곳, 혹은 더 좋은 결과를 낳을 수 있는 자리로 배치된다.

부서장에게 보고하기 어려운 대원들의 애로사항들이 초급장교에게 접수되기도 한다. 그러나 예의를 갖추고 들어오는 대원들에게 충고를 할 때는 확실하게 해야 한다. 대원들이 초급장교를 무시하는 일이 없도록 해야 하는 것이다. 대원들을 적당히 대충 대하면 그들은 고삐 풀린 망아지가 된다. 그들에게 어떤 충고를 해주어야 할지 판단이 안 선다면, 경험 있는 장교의 도움을 받을 때까지 이를 유보해야 한다.

초급장교들은 수병, 부사관 혹은 장교들 간의 오해를 조정함에 있어 오류를 범하기 쉬운데 이는 대체로 사람들의 기질이나 성격 이 서로 다르기 때문이다. 초급장교는 대원 개개인의 신상에 관하여 해군인사국에 자주 문의하고, 요청할 사항이 있으면 반드시 요청해야 한다. 이렇게 함으로써 그들에게 부과되는 문제나 과제들, 이를테면 대원을 교체하거나 어뢰 교육에 해당 대원을 보내거나, 부사관 근무연장을 할 수 있게 하거나 혹은 적절한 장소로 배치하는 등의 업무들을 수행할 수 있게 되는 것이다.

인사국에 근무하는 어떤 대령은 한 편지에서, 만약 이제 초급장교가 되어 해당 부서로 가게 되는 사관생도들에게 한 마디 할 기회가 생긴다면 다음과 같이 말할 것이라고 했다.

해군장교 교육은 시작에 불과하다는 사실을 잊지 마세요. 이를 제대로 실천하기 위해서는 오랜 기간의 연구와 적응 훈련이 필요합니다.

주어진 각종 임무를 수행하는데 최선을 다하시기 바랍니다. 당직을 서게 되면 당직 사령을 위해 최선을 다해 도와주도록 하십시오. 작고 부분적인 일을 맡으면 이들을 종합한 전체적인 성과가 나올 때까지 멈추지 말고 계속 일을 해나가야 합니다. 주도권을 잡고 과업을 진행하기 바랍니다. 당신이 생각했던 것보다 더 좋은 결과가 나올 때까지 매진하기 바랍니다. 선의로 시작한 과업이 일단 상관의 허락을 맡게 되면 그 진척 속도는 매우 빠르게 진전될 것입니다. 대원들을 상대할 경우에는 정확하면서도 높은 표준을 제시하십시오. 그리고 그들을 공정하게 대하시기 바랍니다. 그들에게 어떤 문제가 있는지를 귀담아 듣고 이를 해결해 주고자 노력하십시오. 그들에게 문제가 생겼을 때 혹은 그들이 상담하고 싶을 때 찾아가보고 싶은 사람이 되도록 하십시오. 권위에는 책임이 수반된다는 것을 명심하십시오. 장교에게는 무엇보다도 책임이 먼저 부과됩니다. 먼저 해군장교의 책임은 곧 정부의 책임임을 자각하고 가치관을 정립해야 합니다. 이렇게 함으로써 우리는 갈등을 최소화시킬 수 있게 됩니다. 책임자

각과 가치관 정립은 서로 맞물리는 것으로써 '이 둘을 어떻게 조화
시킬 것인가' 하는 문제는 '대원들을 얼마만큼 잘 이끌어갈 수 있을
것인가' 하는 문제와 직결됩니다.

초급장교는 함상근무와 관련된 실질적인 내용을 파악하고 있어야
한다. 많은 젊은 장교들을 서면으로 평가해 보면 송수신 장비나 디젤
엔진의 구조 등에 대하여는 잘 알고 있지만, 항해술에 필요한 가장 기
본적인 사항은 잘 모르고 있다는 사실을 알게 된다.

즉 항해방법, 브이의 종류, 주간항로표지, 내륙수로 등에 대해서는 잘
아는 바가 없다는 것이다. 어떤 직책을 맡고 있는지에 관계없이 항해를
책임지는 자로서 기본적인 내용은 알고 있어야 한다. 그런 연후에라야
자기 부서에 근무하는 대원 개개인을 더욱 잘 파악하게 되는 것이다.

특히 함정의 각 부문별 구조와 전체 구조에 대하여 잘 알고 있어야
하며, 대원 하나하나를 잘 파악하고 있어야 한다. 그래야 대원들 각자
에게 맡겨진 일을 혁신적으로 해 낼 수 있게 된다. 소화전, 수밀 벽, 대

원관리법, 각 도구가 있어야 할 적절한 위치 등을 제대로 알고 있어야 하며, 각종 전기 기구는 어디에 사용되는지도 파악하고 있어야 한다.

수병지침서(Bluejacket's Manual)를 통해서도 배울 내용들이 많다. 불이 나거나 사고가 나거나 혹은 긴급 상황이 발생할 때에는 그 이전의 공부와 연구를 통해 이미 알고 있는 지식에 따라 부서원들을 이끌어야 한다. 이론적으로는 초급장교가 부사관들보다 더 많은 것을 알고 있을 것이다. 그러나 실제 과업에서는 자칫 실수할까봐 망설이거나 혹은 겁을 먹게 되기도 한다.

자신 스스로 관련 사항에 대해 지식이나 확신이 없을 경우, 대원들은 당신 주변에서 근무하는 자신 있는 사람을 쳐다보며 그의 명령을 따르게 될 것이다. 이럴 경우 당신은 아무런 것도 제공해주지 못하는 방관자의 입장에 서 있게 된다. 때문에 초급장교는 항상 자신의 업무에 관해 훤히 꿰뚫고 있어야 하며, 스스로 자신감을 갖도록 해야 한다. 그래야만 다른 대원들도 당신처럼 확신하게 될 것이기 때문이다.

조직

어떤 부서가 정말 바람직스럽게 그리고 일관성 있게 운영되도록 하기 위해서는 훌륭한 조직을 갖추고 있어야 한다. 조직이란 두 사람 이상이 모여 일정한 구조를 형성한 것으로써, 종국적으로는 수행해야 할 업무를 매끄럽게 수행할 수 있도록 만들어진 구조를 일컫는다. 조직은 리더십을 발휘할 수 있는 일종의 도구이기에 리더는 조직을 사용함으로써 조화로운 결과물을 산출하게 된다.

훌륭한 사람은 매우 이상하고 빈약한 조직체에서도 훌륭한 결과물을 만들어 내는데, 이는 사람이라는 요소가 그 어떤 어려움도 이겨낸다는 것을 의미한다. 다음과 같은 말이 있다.

훌륭한 함정의 형편없는 대원들보다는 함정은 형편없더라도 훌륭한 대원들을 유지하고 있는 것이 낫다.

하지만 훌륭한 함정(좋은 조직체)에 훌륭한 대원(좋은 구성원)을 유지하는 것이 가장 이상적이라는 사실에는 누구나 동의할 것이다. 훌륭한 사람들을 데려다놓고 조직을 이상하게 만들어버린다면 이는 각종 브레이크들을 사용하여 차를 운전하는 것에 비유할 수 있다. 좋은 엔진을 사용하지 않고 이를 버려두는 것과 같은 것이다.

부서 내에 좋은 인재를 두고 있다는 것은 함정 내에 좋은 인재가 있음을 의미한다. 그들을 편파적이지 않고, 규정에 따라서 공정하게 관리해야 한다. 능력 있는 부사관을 감독해야 하는 장교가 건전하지 못하면 격실이 지저분해지고 식당 근무자가 습관적으로 시간을 지키지 않거나 혹은 있어야 할 자리에 있지 않게 된다.

또한 근무하고 있는 대원들을 잘 대해주더라도 인사 배치나 조직을 적절하게 관리하지 못한다면 혹은 그 결과로 자신이 의도한 바대로 행하여지지 않는다면 이 또한 당신 책임임을 명심하라.

실수

　리더의 실수를 용인해 주면 부하들이 자신감을 잃게 된다는 생각은 매우 잘못된 것이다. 우리는 모두 실수를 저지른다. 역사적으로 훌륭했던 사람들도 많은 실수를 범하였고, 오늘날의 리더들도 마찬가지로 실수를 저지르고 있으며 그러한 실수는 계속 발생하게 될 것이다.

　그래서 연필에 고무지우개를 달아놓은 것이다.

　실수를 하지 않는 사람은 없다. 그러나 실수를 최소화하면서 이로 인해 그가 이끌어가는 사람들에게 이익이 되게 하면서 조직을 이끌어가는 것이 중요하다. 보통 사람들은 대개 자신은 거의 실수를 하지 않는다고 생각하며 이러한 자신의 생각이 정의로운 것이라고 생각한다. 다음의 말을 살펴보자.

아무런 실수도 하지 않는 사람이 있다면 그가 누구인지 알려 달라.
그러면 나는 그가 아무런 일도 하지 않았다는 것을 증명해 보이겠다.

대원들은 당신이 실수하기를 기대한다. 그리고 일정부분 그 대원들의 생각이 맞을 것이다. 그러나 그런 대원들과 함께 일을 해나가야 하는 것은 바로 당신이다. 당신의 실수로 말미암아 그들에게 허세를 부리거나 그들의 감정을 약화시켜버리거나 그들을 움츠려들게 하지 않도록 해야 한다. 그들을 있는 그대로 인정해 주어라. 그들을 따뜻하게 대하고, 나타난 결과에 대하여는 그들이 책임지게 하라.

그러나 너무 많은 실수를 하지는 않도록 하라. 또한 절대 같은 실수를 되풀이하는 일은 없어야 한다. 그리고 그런 상황 하에서 반드시 명심해야 할 사항이 있다면 대원들에게 변명하는 어조로 말하지 말 것이며, 아울러 뻐기는 듯한 어조로 말하는 일도 없도록 해야 한다.

점검

엄정한 군기를 유지하는 데 있어 좋은 요소 중 하나는 점검이다. 장교에게 있어 점검과 관련한 일보다 더 중요한 것은 없을 것이다. 어떻게 점검을 실시할 것인가 하는 것은 일종의 예술과도 같다. 이 점에 있어서 모든 장교는 예술가가 되어야 한다. 점검을 실시하지 않는 부서의 수병들이나 부사관들은 군기가 들지 않는다. 점검을 실시하지 않는 함정은 불결하며 엉망이 되기 십상이다.

점검에는 두 종류가 있다. 토요일 오전 정해진 복장을 착용하고, 대령의 구령에 맞추어 정해진 형식에 따라 실시하는 정기 점검이 있다. 또한 매일 혹은 수시로 실시하는 그러나 엄하게 정해진 규정에 따라 부서장과 관련 장교들이 동행하여 대원들의 침실 앞에서 실시하는 비정기 점검이 있다. 이러한 비정기 점검은 토요일 오전에 실시하는 함장의 점검에 대비하여 함장으로부터 칭찬을 받고자 실시하는 점검이다.

태어날 때부터 점검에 대해 뛰어난 감각을 지니고 있는 장교들도 있다. 그러나 그렇지 않다고 하더라도 마음만 먹는다면 누구든지 점검과 관련한 뛰어난 예술가가 될 수 있다. 어떤 장교들은 점검을 실시하면서 가장 중요한 점을 놓치는 경우가 있다.

가령 출입구의 문은 광택이 나게 닦았지만 문 틈새에 물이 새지 않게 하는 고무가 헐거워졌음에도 페인트만 살짝 칠한 뒤 아무런 조치를 취하지 않은 것을 모르고 지나가는 경우이다. 어떤 이들은 식당 안이 깨끗이 정리되지 않았다고 고함을 지르면서도 식기 창고 안은 점검조차 하지 않는다.

또한 식사가 끝난 후 벌레들이 좋아할 만한 여건을 조성하고 있는 것은 아닌지에 대해서는 점검하지 않는다. 어떤 장교들은 호스를 깨끗이 정리하여 함장이 만족하도록 하지만 정작 플러그를 사용할 수 있는 스패너조차 준비해 두지 않는다. 또 어떤 함정의 장교들은 함정을 깨끗하게 청소하였음을 그리고 부장은 사관실 벽에 보기 좋게 설치한 전등을 자랑하기도 한다. 나는 대단한 점검 준비라고 생각하였으나 전구를 갈아놓은 전등이 하나도 없다는 것을 금방 알 수 있었다.

어떤 장교들은 격실만 점검하고는 식당 요리사들, 청소대원들, 소방 담당관들을 향하여 새로운 아이디어를 제공하지 않은 채 그냥 나가 버린다. 또 어떤 이들은 잘못된 점들을 무수히 발견하고서도 아무런 지적도 하지 않고 오히려 한줌 가득 웃음을 머금은 채, 다음의 계획만을 알려주고는 나가 버린다.

자신의 취향대로 되어있지 않다고 해서 싸우는 듯한 인상을 주어서는 안 된다. 오히려 그 원인이 무엇인지를 알아보고 그러한 상황을 타개하기 위한 방법을 개발하도록 해야 한다. 원인은 왜곡된 조직 자체에 있을 것이며, 이는 부서장인 당신 책임이다.

어떤 경우에는 책임을 맡고 있는 부사관이 게으르거나 혹은 비효율적으로 업무를 수행하기 때문일 것이다. 만약 그렇다면 당신 스스로 마음을 제대로 다스려야 할 것이다. 어떤 경우에는 요리사와 청결을 담당하고 있는 대원들 혹은 부사관들의 나태함이 그 원인일 것이다. 그들이 자신의 임무를 제대로 완수할 수 있게 만들어야 한다.

부사관들이 수병들을 제대로 교육시키지 않거나 수병들이 진행해야 하는 업무 수행방법에 관하여 관심이 없다면 그러한 부사관들을 데리고 있을 이유가 없다. 필요하다면 요리사들을 불러 별도로 가르쳐 주어야 한다. 만약 어떻게 해 주어야 할 것인지 그 방법을 모른다면 당신이 스스로 행하는 수밖에 없다.

점검은 정규적으로 실시해야 하며 또한 수시로 자주 실시해야 한다. 점검은 자주 실시하더라도 지나친 것이 아니며, 많이 할수록 좋은 것이다. 자신의 직분을 다하는 부서장은 자신이 책임지고 있는 구역에 대해 매일매일 전등을 갖고 점검을 실시해야 한다.

그렇게 한다면 예하의 장교들도 부서장의 방식대로 따를 것이며, 상급자가 점검하기 전에 미리 실시할 것이다. 점검은 숙소 앞에서 실시해야 한다. 점검은 피할 수 없는 것이라는 인식을 갖게 해야 하며, 가장 중점을 두어야 할 부분은 그들이 정규적으로 행하는 과업이어야 한다. 또한 함께 수행하는 점검관들은 불결한 곳이나 더럽혀진 복장, 잘 씻지 않은 주방용품, 이상한 물품 따위를 쉽게 찾아내어 지적할 수 있는 전문가들이어야 한다. 그래야만 적당히 숨겨두거나 눈을 피하면 점검을 피해갈 수 있을 것이라는 생각이 전혀 들지 않을 것이다.

격실을 점검할 때에는 청소담당이나 요리사를 직접 비난하는 일이 없도록 조심해야 한다. 잘못된 것을 지적할 경우에는 대동한 헌병 부사관에게 말해야 한다. 그가 청결 부분을 담당하고 있기 때문에 책임자가 되는 것이다. 권한과 책임은 따로 떨어져 있는 것이 아니라 함께 붙어 있는 것임을 명심해야 한다.

부사관이 식당 요리사들을 제대로 관리하지 못한다는 것을 파악했을 때, 이때가 바로 그 부사관에 대한 평가를 다시 해볼 때이며 혹은 그에게 다른 직위의 기회를 줄 수 있을 때이기도 하다. 점검을 너무 자주 실시하여 대원들이 이를 지겹게 느끼도록 한다거나 그들을 못살게 군다는 인상을 주는 일이 없도록 조심해야 한다.

만약 그러한 일을 한다면 점검을 통하여 보다 건설적인 시간이 되도록 하는 점검의 목표 달성에 실패하게 될 뿐만 아니라, 그들을 짜증나게 하고 자신의 소속 부서에 대해 분개심을 불러일으키게 될 것이다. 그러한 분위기가 형성되는 이유는 장교들이 점검에 대해 확실한 개념이 없기 때문이다. 대원들에 대해 자신의 권위를 드높이고자 하는 욕심으로 실시하는 점검은 좀 더 발전하며 완벽을 향해 나아가고자 하는 그들의 의지를 약화시키는 원인이 된다. 이러한 장교들은 대원들의 삶을 부정적으로 만드는 것이다.

대원들에게 책임을 전가하는 일이 없도록 해야 한다. 이것보다 더 빨리 장교를 경멸하게 만드는 것도 없다. 빠른 시간 내에 책임감을 느끼고 부서 내의 약점을 순순히 인정해야 한다. 앵커 당직이 제 시간에 도착하지 않아 부장에게 보고당하는 일이 생길 때, "당직이 도착하였는지 알아보겠습니다."라는 등의 말로 얼버무리지 않도록 해야 한다. 그보다는 "다시는 그러한 일이 발생하지 않도록 하겠습니다."라고 말하라. 이럴 경우, 갑판장을 통해 필요한 조치를 취해야 한다. 만약 갑판장에게 도움이 되지 않는 수병이라면 그 수병을 강등 조치해야 한다. 그러나 그 수병에게 장교의 책임을 전가시키지는 않도록 해야 한다.

함장이 점검하는 경우에도 마찬가지이다. '청결상태를 제대로 유지하지 않은 수병'을 부르러 보내는 따위의 일은 하지 않도록 하라. 그 책임은 당신 부서에 있다. 바로 당신 책임인 것이다. 공적도 비난도 당신이 안고 가야 한다. 수병의 실수는 조직 관리가 제대로 되지 않았다는 것을 반영하며, 부서 내의 군기가 해이해졌다는 것을 말한다. 그러나 그 조직이나 부서를 향상시키는 일 또한 다름 아닌 부서장인 당신에게 달려있는 것이다.

함정에서 제공되는 음식이 마음에 드는지 갑판장에게 혹은 여러 부사관들에게 수시로 물어보도록 하라. 만약 그들이 형편없는 음식을 먹고 있다면 그들이 하는 업무를 보다 잘 하도록 만들기 힘들다는 사실을 인식해야 한다. 중요한 것은 당신이 그들의 복지에 관심을 갖고 있어야 한다는 점이다.

너무 자주 가는 것은 좋지 않지만 시간이 있으면 가끔씩 식당과 주방을 둘러보아야 한다. 음식의 질과 음식을 만드는 방법을 점검하듯이 방문해야 한다. 방문할 때에는 두어 가지 질문을 던져보도록 하라. 이러한 방문에는 두 가지 이점이 있다.

대원들은 함정의 음식 차원을 높이는데 있어 함장의 한계를 알고 있지만 그런 와중에도 함장이 관심을 갖고 있음을 보여주게 된다. 또한 그러한 방문을 통하여 주방에서 근무하는 이들을 보면서 그들의 작업 능률과 주방의 청결함 정도를 이해할 수 있는 기회를 갖게 된다. 평상복 차림의 방문은 확실하게 준비하지 않고 적당히 넘어가는, 즉 제대로 된 매너를 지키지 않는 근무자가 발생하지 않도록 할 것이다. 그러한 방문을 할 경우에는 모자를 쓰지 않도록 해야 한다.

숙소와 부서

숙소는 이른 아침 집합 장소다. 그들의 집합 상태가 어떤지를 살펴보도록 하라. 수병 없는 해군은 없으며, 이는 엄연한 사실이다. 숙소 앞에서 그들이 정해진 복장으로 질서정렬하게 몇 분간 대형을 유지하고 있는지를 관찰해 보라. 당신 스스로 그리고 초급 장교들이 외적으로 보여주는 모범적인 태도는 수병들에게 강력한 자극이 되며, 이는 숙소 앞에 정렬하는 그들의 대형에 반영되어 나타난다.

당신이 원하는 바가 무엇인지, 그 기본이 어떤 것인지를 대원들에게 보여주어라. 마치 종교적인 표상을 보여주듯이 그들 앞에 서야 한다. 그들을 주목하게 할 때에는 침묵하게 하고, 대열을 이룬 상태에서 그들의 시선을 이끌어내야 한다. 그들을 편한 상태로 있게 할 경우에도 그 상태에서 시선은 집중하도록 해야 한다. 즉 더 이상 그들끼리 잡담하도록 놔두어서는 안 된다.

그러나 침묵 상태를 필요 이상으로 오래 끌지 않도록 유의해야 한다.

대원들이 주목하고 있을 때 당신이나 혹은 예하의 장교들도 함께 주목하고 있는지 살펴보라. 이때에는 주머니에 손을 집어넣거나 주위의 장교들과 잡담을 주고받지 않도록 유념해야 한다.

숙소 앞 집합 시에는 수병들의 신발 상태, 머리 및 면도 상태, 그리고 일상적인 상태를 훑어보도록 해야 한다. 신발을 깨끗하게 유지하지 못하는 게으른 대원이 함정을 깨끗하게 유지하며 함정의 명성을 유지할 것이라고 믿을 수는 없는 노릇이다. 숙소에서 매일 깨끗하게 면도하는 대원일수록 자신을 스스로 신뢰하는 정도가 높게 마련이다. 이를테면 영국 육군은 매일 아침 점호 시를 대비하여 면도를 실시하게끔 되어 있다. 이는 참호 속이라 하더라도 자신이 해야 할 일은 해야 한다는 중요한 시사점을 제공하고 있다. 복장이 말쑥하고 단정하면 그렇지 않은 수병들보다 높은 사기를 유지하면서 근무하고 있다고 믿어도 된다.

재차 말하거니와 당신과 당신 예하의 장교들이 유지하는 복장이나 용모 등 일상적 준비상태가 수병들에게 그대로 영향을 미친다는 사실을 명심해야 한다. 머리가 너덜너덜하고 면도하지 않는 장교, 혹은 군복 상태가 불량한 장교들이 불량한 수병들에게 미치는 영향은 생각보다 훨씬 더 강하다는 사실을 인식해야 한다.

아무리 게으르고 무능한 장교라 하더라도 아침 08:00시 이후에 면도하지 않은 상태로 대원들에게 다가가는 일은 결코 있을 수 없는 일이다. 이러한 상태를 용서해 줄 수 있는 경우는 출동 중인 잠수함에서 근무하거나 혹은 전투함에 근무하는 장교가 폭풍우를 만났을 때뿐이다.

수병들은 자신이 거처하는 병사를 좋아하지 않으며, 숙소로부터 조금 떨어져 생활할 수 있는 이유를 둘러대는 데에도 전혀 망설이지 않는다. 1인치라도 더 여유를 주려고 하면 그들은 오히려 1마일을 요구할 것이다. 수병들의 요구 내용을 들어주어야 할 강력한 이유가 있는 경우 혹은 긴급 상황이 발생한 경우가 아니라면 그러한 요구를 수용해 주지 않도록 해야 한다. 당신이 일관성 있게 일을 추진하고, 한번 거절한 일에 대하여 다시 번복하는 일을 하지 않는다면 대원들은 당신의 스타일에 따라 행동할 것이다. 또한 잘못한 일에 대하여 변명하는 일 따위로 고민하는 일은 없을 것이다.

복장

해군은 어떠한 복장을 어떻게 착용해야 하는지에 대하여 명확하게 규정하고 있으며, 특히 부사관 및 수병에 대하여는 이를 엄격히 준수해야 한다고 명시하고 있다. 이들은 훈련소를 나오는 순간부터 복장에 관한 규정에 대하여 이미 많은 것을 알고 있다.

대원들이 최고도의 복장 상태를 유지하는 것은 부서장과 담당 장교가 얼마만큼 모범을 보이느냐에 달려 있다. 대원들이 함정에서 최고도의 복장상태를 유지하지 않는다면, 이에 대한 책임은 모두 장교에게 있다.

가방(bag) 점검도 수시로 실시해야 한다. 이에 관하여는 '수병 지침서'에 매우 상세하게 설명되어 있으며, 가방 점점 시에 취해야 할 내용에 대하여도 적절히 잘 언급되어 있다. 의복들은 가지런히 포개어 차곡차곡 쌓이도록 해야 한다. 또한 모든 의복에는 자신의 이름을 평범한 필체로 적어두어야 하며, 제복은 잘 다려두도록 해야 한다.

어떤 대원들은 점검받기 전에 다른 이들의 복장을 빌려오기도 한다. 이때 다른 대원의 이름 위에 자신의 이름을 살짝 써 넣어 나중에 잘 지워질 수 있게 하는 일도 있다. 점검 중에 이름이 지워질 수 있게 해 놓은 것은 아닌지 확인해보는 것이 좋다. 가방 안의 짐을 흩쳐 놓은 후 없어진 물건이 어디에 있던 것인지 물어보도록 하라. 대원 하나하나에 대하여 없어진 물건이 무엇인지를 물어보는 것도 좋다. 각 복장에 이름이 제대로 기입되어 있는지를 직접 확인하거나 장교를 통해 확인하도록 하라. 의복 문제를 지적할 경우에는 상식에 의거하여 조심해서 행동하도록 하라.

예를 들어 만약 어떤 대원이 빠른 시간 안에 해당 의복의 금액을 지불하고 외투를 구입하고자 하는데도 불구하고 외투부터 먼저 구입하라고 지시하지 않도록 해야 한다. 물론 이와 관련하여 함장은 다른 의견을 제시할 수도 있을 것이다 하지만 부서장으로서 자신의 영역을 뛰어넘는 지시를 하지 않도록 해야 한다.

부서장들은 대원들의 각종 요구 사항에 응하도록 되어 있다. 어떤 수병은 절친한 친구와 함께 휴가를 가고자 예정된 휴가기간을 변경해 주기를 바란다. 또 어떤 수병은 포대 장치를 세게 후려치고자 하며 어떤 대원은 식당을 옮겨달라고 한다. 심지어 휴가 기간을 월요일 10:00시까지로 연장해 달라고 하는 대원도 있다.

현명한 부서장은 이러한 제반 요구사항들을 잘 관리해 나간다. 만약 어떤 대원의 복장 상태가 계속해서 불량하면 차후 어떠한 특권도 누릴 수 없으며, 나아가 많은 후회를 하게 될 것임을 미리 경고해 두는 것이 좋다. 만약 포대를 세게 때리거나 포대 안에 숨고자 하는 수병이 있다면, 그동안 수병들의 자긍심을 위해 노력해온 동료 대원들에게 잘못된 모습을 보이는 것이라는 점을 경고해 두는 것이 좋다. 몇몇 잘못된 대원에게는 철저하게 대하는 동시에 대접을 받을 만한 대원들에게는 웃으면서 그에 상응하는 보상을 해 준다면 유익한 부서로 만들어갈 수 있을 것이다.

부서장과 그의 상관

부서장은 일을 집행하는 한 부서의 장이다. 즉 위로는 함장을, 아래로는 대원들을 연결하는 가교가 된다. 상관에게 충성함은 물론이거니와 조직을 위한 정책과 생각, 그리고 따라야할 일반사항에 대하여 상관이 원하는 바를 정확히 파악하고 있어야 한다.

상관이나 해군이 원하는 것과 자신이 원하는 것이 크게 다르지는 않을 것이다. 그 원하는 바가 약간 다를 수는 있겠지만 부서장은 상관이 의도하는 바나 이를 수행하는 방법 따위를 의무적으로 따르도록 되어 있다.

대부분의 상관들은 그들이 목표하는 바를 대원들에게 알린다. 가장 좋은 결과를 얻고자 하기 때문인 것이다. 최종 결론이 어떠해야 하는지에 대하여 알고 있다면 어떤 상황이 되더라도 상관이 인정할 수 있는 방향으로 과업을 집행해 나갈 수 있다. 이것이 바로 군의 기본 원칙이다. 가장 고전적인 예를 들자면 넬슨과 그의 대원들이다. 함장들은 넬슨이 원하는 바와 해군 기본교리를 충실히 지켰다.

그러나 모든 사람이 넬슨처럼 될 수는 없을 것이며, 대부분은 넬슨처럼 행동하기도 힘들 것이다. 그러나 대원들은 훈련되어 있어야 하며, 지휘관이 결심한 바에 따라 재치 있고 슬기롭게 행동할 수 있어야 한다. 이렇게 하기 위해서는 평소 상관이 행하는 방법을 유심히 관찰하고, 지시내용을 주의 깊게 들여다보고 있어야 하는 것이다.

기본 바탕이 제대로 되어있는 대원들은 최근에 다음과 같이 생각하고 있다. 즉 일반적인 지시나 가이드라인은 상관이 제시해 주고 상세한 내용이나 집행사항에 대하여는 부하들이 알아서 처리하도록 해야 한다는 것이다. 그러나 모든 것을 그런 기준에 맞추면 안 된다. 계급이 높은 이는 매사를 잘 고려해야 하며, 한 번 더 생각해보고 곱씹어보는 것이 중요하다. 부서장은 자신이 맡고 있는 과업에 대하여 즉 수행방법과 결과에 대하여 계속적으로 생각하고 있어야 한다. 가능한 방법을 실제 적용할 수 있는지 혹은 그러한 과업을 수행할 수 있는 인적 자원이 있는지를 확인해야 한다. 이렇게 해야 주어진 과업을 훌륭하게 수행할 수 있게 되는 것이다. 뿐만 아니라 상관에게는 온갖 정열을 바쳐 업무를 수행할 수 있게 된다.

상관과 부서장은 서로 다른 영역이 있다는 것을 인식할 필요가 있다. 상관은 부서장보다 좀 더 넓은 영역의 활동반경을 갖게 된다. 부서장은 임관한 지 얼마 지나지 않았지만 지휘선 상에 있는 계급과 권한을 갖게 되었음을 감사해야 하며, 그 누구보다도 해당 부서원들을 잘 파악하고 있어야 한다. 그럼으로써 상부에 제출하는 보고서에 더욱 상세하고 구체적인 내용을 가미할 수 있게 되고 나아가 정책 수행에 효과를 거둘 수 있게 되는 것이다.

상부 지휘관인 상관들도 구체적인 사항이 포함되는 것을 좋아한다. 그러나 어디까지나 합리적인 근거를 갖고 재치 있게 작성되어야 한다. 그들도 인간인지라 자신들의 오랜 경험과 계급은 존중되어야 한다고 믿고 있다. 이러한 그들의 경험이나 계급이 정당하게 대접받지 못한다고 느끼면 해당 부서장을 좋게 생각하지 않는다. 따라서 이러한 면을 항상 염두에 두고 행동하기 바란다.

어려운 상황을 타개함에 있어 아무런 해결책도 제시하지 못하고 그저 불만을 터트리는 것은 그 누구에게도 도움이 되지 않는다. 상관은 언제 어디서나 대부분 자신이 처한 환경을 인식하고 있다. 그러나 좋지 않은 상황이 되풀이되면 짜증내기 쉬운 법이다. 부서장은 그러한 상황과 문제점을 제대로 지적하면서 개선방안을 제시하되 이를 재치있게 기술해 나가는 기교가 필요하다.

이때 부서장은 향후 자신의 부서에서 문제를 해결해 나갈 수 있을 것인지를 먼저 판단해야 한다. 개선방안을 제시해 놓고서도 초기 단계에서부터 이를 실행할 수 없었던 경우가 얼마나 많았는지를 알게 되면 아마도 당신은 깜짝 놀랄 것이다. 부서장은 자신이 제시할 개선방안에 대하여 하나하나 처음부터 확인을 거듭해야 한다.

또한 상관이 비평할 수 있는 부분에 대하여도 이를 반박할 수 있도록 준비해야 한다. 출동 중이건 아니건 관계없이 상관은 부서장이 제시하는 내용 중 치밀하지 못한 부분을 지적할 것이며, 한 두 마디 노련한 질문을 하면서 개선방안의 문제점을 지적해 줄 것이다. 직접 부닥쳐보면 개선방안이 도무지 먹혀들지 않는 경우도 많고 또한 자신이 겉도는 방향을 제시하고 있다는 생각을 하게 되는 경우도 많다. 상관은 부서장의 제안내용을 인정해주기 보다는 "난 잘 모르겠네." 혹은 "그런 일은 여태껏 일어나지 않았어."하며 부서장을 의기소침하게 만드는 경우가 훨씬 많다는 것을 알게 될 것이다.

그와는 반대로 아주 잘 정리된 보고서, 예를 들면 하버드 대학의 총장이었던 엘리어트(Eliot)가 말하는 소위 '일생 동안 지속되는 만족감' 정도의 내용을 만들어 낼 수도 있다. 이 부분에 대하여는 또 다른 이야기를 덧붙이고 싶다. 부서장의 계획은 채택되지 않고 퇴짜 맞을 수도 있다. 상관은 그 내용을 보다 자세히 파악하고 있기도 하며, 혹은 부서장이 제시하는 내용 중에서 부서장이 미처 알지 못하고 있는 다른 양상의 문제점을 알고 있기 때문이기도 하다.

대부분 상관들은 어떤 문제가 있는지를 상세히 설명해 준다. 그러나 어떤 경우에는 아무런 설명도 해주지 않기 때문에 부서장은 혼자서 왕따 당하는 느낌을 받게 되기도 한다. 또 어떤 경우에는 상관에 대한 충성심을 실험하는 때가 되기도 한다. 그러나 부서장은 어떤 결과가 나오든 이를 유쾌하게 받아들이고 상관의 계획을 받아들이면서 즐거운 마음으로 자신의 모든 노력을 경주해야 한다. 마치 모든 것에 대한 주인이 자신이라는 느낌을 갖고 임해야 한다는 것이다.

제안된 내용에 대하여는 갑론을박할 수도 있지만 일단 결정이 내려지면 이에 대하여 어떤 앙금도 없이 복종심을 발휘하며, "알겠습니다! 실행하겠습니다!"라고 말하면서 정성껏 이를 수행해야 한다.

인간미는 상급자를 포함한 모든 이들이 갖추어야 할 필수요소다. 모든 이들은 결국 인간이기 때문이다. 상관의 성향을 연구하면서 그 상급자가 고뇌에 빠지는 일이 없도록 해주어야 한다. 스스로 상관의 입장에서 생각하고 행동해야 한다. 내가 그의 입장이라면 무엇 때문에 고민할 것인가라는 질문을 스스로에게 물어보아야 한다.

그러나 어떤 사람들은 그렇게까지 할 필요가 없다고 생각한다. 하지만 할 수 있는 한 모든 상상력을 발휘해야 한다. 유머와 인간미는 모든 인간관계를 원활하게 하는 윤활유이며, 특히 인간미는 유머를 자유롭게 할 수 있는 밸브가 된다. 어떤 사람들은 불행하게도 유머를 사용할 최소한의 여유도 갖고 있지 않다. 스스로를 그렇게 만드는 사람들은 불행한 사람이며, 때로 그러한 사람들에게 유머를 사용하면 그들은 화를 내기도 한다.

일반인들에게 산스크리트 언어를 사용해서 말하면 이해하기 힘들어 짜증내는 것과도 같이, 유머를 사용하는 사람에게도 화를 내는 것이다. 상관들도 인간이다. 부서장은 이 점을 명심하고 있어야 한다. 또한 부서장과 상관의 관계는 존경과 유머, 인간미, 지속력 등 소위 말하는 일반 상식선을 벗어나지 않아야 한다.

부사관

　조직은 다양하다. 군대의 육·해·공군 조직, 행정 조직, 혹은 수많은 사업 조직 등을 예로 들 수 있는데, 결국 이러한 조직을 이루는 성원은 개개인이며 이들을 효과적으로 이끌어가는 적정 규모별 리더는 반드시 존재한다.

　해군에서는 이 조직들이 훈련담당 부서, 정보담당 부서, 일반경력 부서 등으로 나누어지고 이들 각 부서를 총괄하는 리더가 임명된다. 함상 근무를 하게 되는 함정의 경우에는 4개 부서로 구성되고, 위관 장교들이 해당 부서를 관장하는 우두머리가 된다. 이때 부사관들은 부서장을 보좌하며 일하는 실질적인 책임을 맡게 된다.

　부사관(Petite Officer)은 '작은 장교'라는 뜻을 지닌다. 하지만 부사관은 자신에게 주어진 분야에 관해서는 장교와 같이 리더의 역할을 수행하게 된다. 즉 자신이 맡는 임무가 좀 더 작다는 것과 해당 업무를 발전시켜야할 의무가 상대적으로 줄어드는 것일 뿐, 리더로서 갖게 되는 속성은 장교와 똑같다는 것을 의미한다.

거칠거나 야비하며 혹은 괴팍하거나 적개심이 있는 장교가 부서원들에게 주는 영향이 부정적이듯이 그러한 성향의 부사관 또한 예하 장병들에게 부정적인 영향을 주게 된다.

부사관이 되기 위해서는 일정한 요구조건을 먼저 충족시켜야 한다. 그렇게 된 연후에라야 해당 장교의 위임을 받아 부하를 통솔할 수 있게 되는 것이다. 따라서 장교는 해군에 속한 부사관을 통솔하면서 자신에게 주어진 사명을 이행한다.

장교들은 지식, 복종심, 정직성 그리고 성실성을 지니고, 솔선해서 임무를 수행할 수 있는 부사관을 골라내야 한다. 이러한 부사관들은 자신이 지니고 있는 기술이나 지식을 잘 발휘할 수 있을 뿐만 아니라 주어진 일을 즐거운 마음으로, 또한 적극적으로 수행한다.

일단 임명된 부사관들은 자신에게 주어진 책임을 성실하게 수행해야 한다. 장교로부터 매일매일 주어지는 특별한 임무를 적극적으로 수행하면서 장교를 보좌해야 한다. 부사관은 관습적으로 장교에게 부과되는 과업을 함께 해결해나가야 할 입장에 있는 것이다. 관련 해군 규정을 보면 다음과 같다.

해군규정 제1275항

(1) 부사관은 스스로 열의를 갖고, 절제하며, 주위를 깨끗이 하고, 주어진 과업에 열중함으로써 부하들의 모범이 되어야 한다.

(2) 부사관은 수명 받은 명령이나 규정 혹은 지휘관련 내용을 효과적으로 수행할 수 있도록 상관을 보좌함에 최선을 다해야 한다.

(3) 부사관은 장교로부터의 적법한 명령을 수행해야 할 임무가 있으며 이에 따라 관련 내용을 보고하고, 지시내용을 제대로 따르지 아니하는 자를 처벌하도록 해야 한다. 외박 시에도 동일한 책임이 부여된다.

(4) 사병들 가운데에서 부사관으로 임명되는 경우, 지휘관은 규정에 따라 이를 준비해야 한다.

부사관과 병사들 간에는 명확한 경계가 있어야 한다. 이에 따라 부사관의 특권도 주어지게 되는 것이다. 부사관과 병사들이 마치 형제처럼 유사한 관계를 유지하는 일은 사기를 떨어뜨리는 결과를 초래하기 때문에, 이런 일이 발생하지 않도록 해야 한다.

사병들이 부사관을 '땅딸보' 혹은 '빨갱이' 등과 같이 호칭해서는 안 된다. 이는 부사관이 자신 예하의 병사들로부터 존경 받지 못하고 있음을 말하며 아울러 지휘계통 또한 정립되지 않았음을 보여주는 것이다.

부사관은 부서장에게 신뢰를 줄 수 있어야 하며, 부서장에 대하여 조언이나 간청을 할 수 있어야 한다. 스스로 적절한 신뢰감을 심어주게 된다면 부사관들의 조언이나 판단은 함정 내에서 큰 위력을 발휘할 수 있게 될 것이다.

부사관은 책임질 줄 아는 도량이 있어야 하며, 고통을 함께 지고 갈 준비를 해야 한다. 부서장이 잘못 지시하는 사항에 대하여는 이를 우회하여 보고하고 이를 시정하여 부하들에게 지시할 수 있어야 한다.

부서장이 책임지는 구역은 몇 개로 구분하여 부사관이 할당받도록 해야 한다. 각 해당구역은 페인트 작업 및 청결 작업, 광내기, 유리창 닦기, 볼트 조이기 등 이행해야 할 작업이 있기 마련이다. 세부적인 내용은 부사관이 알아서 할 일이다. 부사관과 관련된 일들에 대하여 종합하여 정리하면 다음과 같다.

부사관이 수행해야 할 과업이 있으며, 그들에게는 수병들이 있다. 부사관은 부서장의 일을 책임지고 이행하며, 이른 아침에 그의 격실을 정리하며 부서장이 명하는 바에 따라 다른 점검도 대비할 책임을 진다. 스스로 해야 할 일을 챙기되 수병들의 인원에 어떤 차질이 생기더라도 각 격실은 깨끗이 유지되어야 하며, 부서장이 점검할 경우에는 특히 그러하다.

부사관은 그의 주도적인 역할 여부에 따라 자신의 자유시간이 주어진다. 자신이 책임진 과업이 잘 되면 칭찬을 받을 것이나, 잘못되면 비난을 받을 것이다. 대원들 중에 군기훈련을 받아야 할 경우가 생기면 부서장에게 보고하겠지만 그렇다고 해서 이를 부사관의 나태함으로 인해 발생한 것이라고 봐서는 안 된다.

　존스가 외출 중이어서 청소를 못했다든지, 스미스가 오랫동안 외박 중이어서 그렇게 된 것이라든지 따위의 말을 묵인해서도 안 된다. 해당 분대에 소속되지 않은 수병들의 인원에 대하여도 부사관이 책임지고 챙겨야 한다. 이외에도 다른 수병들도 있는데 이들 또한 부사관이 나서서 보살펴 주어야 한다. 이러한 일은 부서 내 다른 부사관들이나 부서장에게, 부서원 총원이 함께 일해 나간다는 좋은 인상을 심어주게 될 것이다.

요구의 일관성

어떤 사안을 일관성 있게 요구하는 일이 중요하다고 지적한 바 있다. 일관된 요구는 매우 중요하다. 부사관이나 수병들은 자신들이 어떤 일을 해야 할 것인지를 알아야 할 권리가 있다. 어떤 일을 해야 할 것인지를 알고, 또한 그 일로부터 빠져나올 방법이 없을 때, 그들은 복종하며 일하게 될 것이다.

그러나 어떤 대원들에게 복종하기를 바라면서 어떤 대원들에게는 예외를 인정해버리면 대원들의 불만을 사게 될 것이며, 그들로부터 불신감을 얻게 될 것이다. 항상 일관된 명령과 일관된 요구를 하게 되면 조만간 그들은 항상 자동적으로 또한 본능적으로 복종하게 된다.

어떤 함정이 취역하게 되면, 잠시 후 부장은 해당 함정의 임무와 각 직위를 프린트하여 발표할 것이다. 그러나 몇 개월 후에 그 함정에 소속되는 신임 장교는 그 임무 배당이 현실적이지 않고 구태의연한 방식으로 배정되어있음을 알게 될 것이다. 이러한 일이 발생하는 이유는 결국 자신의 임무를 소홀히 한 기존 장교들의 잘못 때문이다. 함정의 임무를 제대로 직시하지 못한 결과인 것이다.

일관성을 유지해야 한다. 어떤 명령이든 언제 어디서건 일관성을 유지하는 일이 중요하다. 명령은 다른 강력한 권위에 의해 취소되지 않는 한, 꼭 이행되어야 할 강제력이다.

욕설과 외설

불행하게도 대원들의 언행을 확인하지 않으면 욕설과 외설이 예술가 수준으로 만연하게 된다. 그러한 언행은 다른 대원들에게 전파되고 영향을 준다. 절제되지 않고 터져 나오는 무의식적인 언행을 방치한다면 군 기강은 걷잡을 수 없는 방향으로 치닫게 된다.

대부분 생각 없이 내뱉는 말들이지만, 시간이 갈수록 점점 더 대원들에게 강력한 인상을 주며 나아가 습관이 되어 그러한 말을 서슴없이 하게 된다. 그러나 욕설이 뒤섞이는 표현, 특히 외설적인 표현을 하지 않도록 바로 잡아 주지 않으면 함께 근무하는 이들에 대한 존경심이 사라지며 또한 자기 자신에 대한 신뢰감 혹은 기상이 없어지게 되며, 각종 규율에 대하여 부정적인 시각을 갖게 된다.

그렇다고 해서 지나치게 얌전빼는 행동을 하도록 가르쳐서는 안 된다. 정직한 맹세, 혹은 성난 상태에서 하게 되는 욕설조차도 하지 말아야 한다고 생각하는 이는 거의 없다. 어떤 사항을 강조해야 하는 경우나 빠른 시간 내에 총력을 집중시켜야 할 경우에는 가끔 욕설이 효과적이기도 하다.

일단 외설적인 표현들이 사용되기 시작하면 서서히 그 사용횟수가 증가하다가 급기야 그러한 분위기가 조직 전체에 만연되기 십상이다. 이는 다양한 모습으로 나타난다. 이러한 표현들은 목소리 큰 개인, 특히 그러한 특성으로 스스로를 과시하거나 자신의 강인함을 보여주기 위해서나 요란스럽게 뻐기거나 자신의 영역을 넓히기 위한 목적을 가진 한 개인으로부터 갑자기 시작되는 경우가 많다. 또한 집을 떠나 오랫동안 항해하는 경우에 자신의 가족들을 생각하며 그러한 언행을 하는 경우도 있다. 이와 같은 경우는 특히 적도 부근을 지나며 장기간 항해를 할 때에 자주 나타난다.

장교는 이러한 욕설, 특히 외설적인 언행이 나타나지 않도록 자신이 할 수 있는 모든 역량을 경주해야 한다. 면전에서 이러한 언행을 일삼는 일은 절대 나타나지 않도록 해야 한다. 이는 존경심을 말살하는 행위이기 때문이다.

욕설과 외설적인 언행을 하는 대원에 대하여는 마스트에서 상응한 벌칙을 주어야 한다. 아주 심한 경우에는 그를 직접 불러야 한다. 그러나 그 인원이 많은 경우, 그들을 모두 출두시킨다는 것은 그리 쉬운 일이 아니다. 그들에게 벌을 주는 것은 일시적으로 효과가 있을 것이다. 그러나 대원들 곁에 있을 때 그들이 사용하는 말을 유심히 살펴보는 것이 더 효과가 있다.

대원들이 욕설이나 외설적인 표현을 사용하는가의 유무를 살펴보기 위해서는 부사관들에게 물어보는 것이 좋다. 혹은 대원들의 머리 안에 들어있는 불결한 생각을 없애주도록 해야 한다. 부서장은 그러한 문제 대원을 찾아내어 상담을 하고, 차후 그러한 사건이 발생할 경우 어떤 불이익이 주어질 것이라는 것을 미리 말해 두는 것이 좋다. 대개 도덕적 관점으로 이야기해서는 영향을 주기 어렵다.

성(sex)과 관련된 표현을 주로 사용하며 이야기하는 것도 좋지 않다. 일반적으로 어떤 수병이 사용한 '표현'이 차후 다른 수많은 대원들에게 어떤 영향을 미치게 될 것인지에 대하여 언급하고 이를 생각할 수 있도록 따뜻하게 말해주는 것이 좋다.

그는 외설적인 표현이 나쁘다는 것을 인정할 것이며, 이를 자기 무식의 소치 혹은 가정교육의 결여로 여길 것이다. 그는 앞으로 집에서도 그러한 표현을 하지 않겠노라고 말할 것이다. 나아가 대원들 앞에서 혹은 부모님이나 형제들 앞에서도 난생 처음 그러한 선언을 하게 될 것이다. 또한 그러한 표현은 자신을 포함한 그 누구에게도 도움이 되지 않는다는 것을 인정할 것이며, 자기 부서를 나락으로 떨어뜨리는 행위라는 것을 인정할 것이다.

흔히 일반인들이 해군에 대하여 좋은 인상을 갖지 않는 이유는 해군 대원들이 바깥 거리에서나 영화관 등에서 상스럽고 천박한 표현을 자주 사용하기 때문인데, 부서장은 해당 대원이 사용하는 천박한 표현이 고결한 표현과 비교할 때 얼마나 창피스러운 것인지를 알게 하고 외설과 욕설을 뒤섞지 않더라도 얼마든지 좋은 표현을 사용할 수 있다는 것을 인식하게 해야 한다.

불결한 언행이 나오지 않도록 해당 대원에게 생각할 수 있게 만드는 또 하나의 방법은 유익하고 흥미로우면서도 산뜻하게 읽을 수 있는 자료들을 제공하는 일이다. 대형함정에서는 다양한 잡지 구매를 통하여 장병들의 정서를 함양할 수 있도록 약간의 경비가 책정되어 있다. 소형함정에서는 정해진 간행물들이 사관실로 제공되는데 장교들이 읽고 나면 즉시 대원들이 읽어볼 수 있도록 조치된다. 이런 함정 도서관에는 적지 않은 자료가 있으며 또한 관련된 많은 사람들이 후원하여 주기를 기대하고 있다.

대부분 대원들은 첫 출동 기간 중, 몇 달 동안을 함정에서 근무하지만 그러한 도서관이 자기가 속한 함정 내에도 있다는 사실을 한참이 지난 후에야 알게 된다. 내가 알고 있는 어떤 함정에는 그 도서관 내의 책자에 대한 간략한 소개서와 함께 해당 책자들이 어떤 경로를 통하여 그 자리에 오게 되었는지를 설명한 자료를 게시해 두고 있었다. 또한 대원들은 게시판을 통하여 어떤 자료가 드나드는지, 함정 내에서 가장 많이 추천되고 있는 책자는 어떤 것들인지 등을 알 수 있게 해두고 있었다.

모든 대원들, 특히 부사관들은 외설적인 표현이 진급을 가로막는 요인이 된다는 것을 반드시 인식하여야 하며, 나아가 부사관들의 경우 강등될 수도 있음을 알아야 한다. 장교로부터 외설적인 표현을 상습적으로 듣게 되는 부사관은 전혀 불필요한 인물일 뿐 아니라, 그 행위도 추잡하여 모든 대원들에게 혐오감을 줄 것이다. 때문에 외설적인 언행을 일삼는 장교는 상상조차 할 수 없다.

신사는 외설적인 표현을 사용하지 않는다.

대원들은 그 어느 부서에서 어떤 언행을 하든지 장교들로부터 영향을 받게 된다. 장교들의 언행은 곧 대원들의 모범이 되기 때문이다.

수병

망아지가 커서 훌륭한 말이 되느냐 아니면 보잘 것 없는 말이 되느냐는 처음에 누가 그 망아지를 길들이는가에 달려있다. 가장 좋지 못한 병사는 고지식하게 훈련받은 병사가 아니라 잔머리를 굴리는 병사다. 마찬가지로 너무 민감한 병사가 가장 좋지 못하다.

새로 들어온 신병들을 잘 관리하는 일은 그 무엇보다 중요하다. 훈련소에서 훈련 받고 이제 출항하는 함정에 전입한 신병들은 군의 전통적 문화를 따르는 가운데에서도 가장 이상적인 방식으로 주입식 교육을 받아왔다. 흔히 그들은 군기가 들어있으며, 옛날 함대에서 근무하는 이들보다 더 잘 순종한다.

그들은 아주 예리하며, 군에 관심을 갖고 있고, 배우고자 하는 열의도 강하다. 자신에게 주어지는 일에 만족하고자 하며 무엇인가를 잘 해보고자 한다. 이제 막 시작하게 된 함정 근무에 대하여는 별로 자신이 없다는 것도 잘 알고 있다. 얼떨결에 주위로부터 웃음을 사는 일을 하게 되지나 않을까 걱정하기도 한다. 또 무엇인가 실수하지 않을까 근심하기도 한다.

신병들의 명단 초안이 해당 부서에 나오게 되면, 먼저 부사관에게 책임을 주어 몇 일간 부사관 아래에 두고 2~3일간 작업을 시켜보면서 해당 신병들의 자세나 마음가짐이 제대로 잡힐 때까지 그들이 무엇을 원하는지, 어떻게 일하는지 따위를 살펴보게 하는 것이 좋다. 이때 미리 관련 사항을 해당 부사관에게 교육시켜두어야 한다. 즉 여러 부서를 돌아보면서 각 부서의 특징들을 이야기해주고, 함정 각 부분의 명칭을 설명하고, 어디서 잠을 자게 될 것인지, 어디서 먹을 것인지, 어디에 가방 따위를 두어야 할 것인지, 어디서 빨래해야 하는지, 어떻게 해야 모자라지 않게 업무를 잘 할 수 있는지 등등에 관해 이야기 해 주어야 하는 것이다.

마찬가지로 신병들의 모든 가방을 점검해 보아야 한다. 점검 결과와 아울러 시정되어야 할 부분에 대하여도 부서장에게 보고해야 한다. 좀더 깊은 생각을 하는 부서장들은 가방 검사를 할 때, 부사관을 시키지 않고 자신이 직접 실행하기도 한다.

부서장은 신병들을 부사관에게 인계하기 전에 신병들을 모아놓고 어떻게 하면 훌륭한 함상생활을 할 수 있을 것인가 등 일반적인 사항에 대하여 교육을 실시하는 것이 좋다. 이런 교육을 받은 신병들은 자신들과 함께 하고 있는 부사관의 명령을 따라야 한다는 것을 자동적으로 배우게 되고, 아무런 이의 없이 받아들이게 된다. 처음 당분간은 그들 모두 갑판장 등 부사관의 지시아래 움직였으나, 차후에는 마음을 더욱 가라앉히고 안정된 상태에서 지시받고 행동하게 될 것이다. 또한 그 부사관으로부터 함정의 일반적인 사항을 가능한 많이 알아내고자 노력할 것이다.

제5장
당직사관과 리더십

당직사관 혹은 위관장교로서 대원들을 관리할 경우에는 부서장이나 혹은 부서장 예하의 장교로서 관리할 때와는 약간 다르게 접근해야 한다.

부서장은 일반적으로 해당 부서원 개개인의 성향이나 능력 혹은 부족한 면까지도 잘 알고 있다. 그동안 많은 훈련을 시켜보았으며 지시사항을 시달한 후 과업을 진행하는 개개인의 모습을 통하여 그들의 작업방법, 요구내용, 나아가 그들이 무엇을 진정으로 기대하고 있는지를 알기 때문이다. 즉 부서장은 지휘하는 것이 아니라 지시사항을 통하여 이들 부서원들을 관리하게 되는 것이다.

당직사관은 막중한 책임을 떠안게 된다. 함정운영을 통하여 스마트한 함정이라는 위신을 세워야 함은 물론 함정과 관련된 모든 안전사항에 대한 책임을 지게 된다. 당직사관은 민첩하고 정확하게 매사를 처리해야 한다. 어떤 지시를 할 것인가가 아니라 어떻게 지휘해야 할 것인가에 대하여 최대의 관심을 경주해야 한다.

당직사관의 지휘는 직접적이어야 하며, 결심으로 이어져야 하고, 또한 가장 중요시되어야 한다. 예하 대원들에 대하여 재량권을 주어서는 안 된다. 함교 혹은 상갑판에서 집행되는 당직사관의 업무방법과 군기 유지 방법은 가장 명확하게 이루어져야 하며 아울러 즉각 집행되어야 한다.

비유적으로 표현하면 당직사관은 '발바닥으로 근무하는 사람'이다. 잠시라도 얼버무리고 있을 시간이 없다. 그렇게 했다가는 금방 심각한 상황을 맞게 된다. 다시 누구를 불러 그에게 임무를 줄 시간도 없다. 다른 사람에게 임무를 주면 그 과업의 집행속도는 3분의 1로 떨어진다. 예컨대, 원추형에 물을 담는 것과 같이 물이 빨리 흘러가지 않게 된다. 중간에 어떤 이를 개입시킴으로써 일을 더디게 처리할 시간이 없는 것이다. 만약 누구를 불러서 연합사령관을 경호하게 하거나 환영하게 하려고 하더라도 그는 이미 500피트 이상 먼 곳에 있기 십상이다.

당직사관 직무를 수행할 때에는 갑판장과 나팔수, 연락병, 사이드 보이, 조타수, 포병을 순서대로 항상 곁에 배치하고 있어야 한다. 마찬가지로 언제든지 육상 훈련을 할 수 있도록 준비해 두어야 한다. 명령은 정확해야 하며 보고는 즉각적이어야 한다.

개개인이 각자 맡은 직무에 따라 깨끗한 복장상태로 정위치하면서 예의주시하고 있는지를 살펴보아야 한다. 함교와 제법 떨어진 곳이든, 함수 부분이든 관계없이 당직자들이 잡담하지 않고 경계근무를 제대로 서고 있는지를 확인해야 한다. 당직사관이 허락한 경우에는 갑판장이나 나팔수가 임시로 당직을 교대해도 좋다.

그러나 당직 교대 시에는 통신병을 보내어 신임 당직자가 교체보고를 하기 전에 전임당직자가 당직 위치를 이탈하지 않았는지 확인하도록 해야 한다. 신임당직자는 통신병에게 관련된 상황을 전하도록 해야한다. 이러한 확인을 한두 번 정도 실시하면 (적당히 행하려는 의도의) 임시 당직변경 요청을 없앨 수 있게 된다.

당직사관 임무를 수행하는 자는 평소 대화를 할 경우에도 자신의 참모 즉 갑판장, 나팔수, 통신병들의 목소리를 직접 들을 수 있는 위치에 그들을 배치해야 한다. 갑판 위에서 그러한 행위를 명확히 한다면 당직사관이 어디를 가든 그들은 당직사관 가까이에 붙어서 그를 따라가게 될 것이다. "갑판장(혹은 나팔수)은 어디 있나?"라는 말이 들리면 이는 그만큼 갑판장이나 나팔수가 긴장하고 있지 않다는 것을 의미한다. 큰 함정에서는 갑판장이나 나팔수를 부를 때 큰 소리를 내지 않고 휘슬을 사용한다. 큰 소리로 부르는 것보다는 휘슬을 사용하는 것이 낫지만, 위 두 가지 경우는 모두 그들이 당직사관의 목소리가 들리는 위치에 없다는 것을 의미 한다.

장교에게는 긴급히 이행해야 하거나 모든 것을 우선한 상태에서 무자비하게 과업을 진행해야 할 경우가 생길 수 있는데, 이 또한 당직사관에게 자주 부과되는 일이다. 갑판장이 비공식적인 일로 자신의 자리를 비우는 경우가 있더라도 이는 정당화될 수 없는 행위다. 그 이유는 갑판장이 일을 더 잘 알고 있기 때문이며, 어떤 사람의 직위 혹은 계급은 해당 업무를 그만큼 잘 알고 있다는 것을 증명하기 때문이다.

그는 지체 없이 즉각 응답하고 보고해야 한다. 그러나 필요한 과업을 넘기게 될 때 당신의 '참모'에게 이를 알려주는 것은 정당한 것이 된다. 만약 사이드 보이에게 앉아있어도 좋다고 지시한 의자에 이상하게도 계속 보이지 않을 경우에는 현문으로부터 몇 미터 떨어진 곳에 서 있도록 지시하는 것이 해당 함정의 위엄을 높이는데 좋다.

상륙자 정렬을 할 때, 당직사관이 약간 늦게 나타난다면 이는 개인적 자만심을 드러내는 것이 된다. 상륙함정이 나가려고 할 때 이를 제지하는 꼴이 되는 것이다. 대원들을 오랫동안 기다리게 하는 나태한 당직사관보다 더 그들을 애끓게 하고 속을 뒤집으며 사기를 떨어뜨리는 일은 없다. 오히려 함정이 떠나가기를 기다리며, 늦게 도착하여 상륙 대열에 끼이지 못한 대원들을 나무라는 것이 대다수 대원들에게 더 큰 만족감을 안겨주게 된다.

이와 같은 현상은 육·해·공군을 모두 보더라도 마찬가지로 명확하다. 그렇기 때문에 상륙이 4시 30분에 시작된다면 해당자들에게 미리 충분한 시간을 주어 점검을 준비하도록 한 후 점검을 실시하는 것이 좋다. 상륙 관련 정보를 사전에 알려주는 일은 상륙을 집행함에 있어 매우 중요한 일이다. 그래야 그들은 완벽하게 준비할 수 있고 벨이 울림과 동시에 상륙을 집행할 수 있게 되는 것이다.

함대의 명성이나 군의 명성과 마찬가지로 함정의 평판은 대개 상륙을 실시하는 대원들이 보여주는 외모와 직결된다. 그렇게 때문에 그들을 내보내기 전에 완벽하고 정확한 점검을 실시하도록 해야 한다. 해군의 명예를 실추시키는 복장을 한 상태에 있는 자에 대하여는 그 누구라도 상륙을 허락하지 않아야 한다.

 상륙자에 대한 점검은 함장이 점검을 실시하는 것과 마찬가지로 한 치의 오점도 없도록 해야 한다. 너덜너덜한 목도리, 깔고 앉았던 흔적이 남아있는 납작한 모자, 빛이 바랜 모자 벤드, 끈이 제대로 묶이지 않거나 반짝거리지 않는 신발, 단추가 제대로 닫히지 않은 외투, 가지런하지 않은 단추, 더러운 셔츠, 헤진 시계, 헤진 컬러 깃, 단추 채우지 않은 소매, 벨트를 매지 않은 바지, 헐거운 바지, 너무 작아서 빡빡하고 보기 싫은 바지 따위가 허용되어서는 안 된다. 또한 머리가 길거나 제대로 면도하지 않은 대원에 대하여도 상륙을 허가하지 말아야 한다.

 상륙자 점검에 통과하지 못한 대원에 대하여는 상륙실시 전에 해당 사항을 수정하고 이를 인정받은 후에 상륙할 수 있도록 조치해야 한다. 이렇듯 모두가 한결같은 상태를 유지할 수 있도록 규정하고 조치함으로써 언제나 함정 전체를 일사불란한 상태로 유지할 수 있게 하는 것이 중요하다.

한 경험 있는 장교는 다음과 같이 말한 적이 있다.

몇 년 전 위관장교 당시 나는 효과적이면서도 재미있게 당직사관 임무를 수행할 수 있었다. 대원들이 상륙을 준비한 상태로 몇 가지 기구들을 갖고 갑판으로 와서 곧 도착할 보트를 기다리고 있었다. 한 사람씩 아래로 내려가더니 다음에 출발하는 보트가 오기 전까지 먼지떨이, 단화 광내는 천, 면도기 등을 사용하며 각자 필요한 용모를 다듬었다. 갑판 위에서 용모를 확인하는 이도 있었다.

위 이야기로 그 장교를 칭찬할 수도 있을 것이다. 그러나 최고도의 용모를 지니도록 요구하고 점검해야 했던 관련 함정의 당직사관을 생각해 볼 필요가 있다. 만약 모든 당직사관들이 위 함정의 장교처럼 행동한다면 대원들은 상륙자 집합 때만이 아니라 거의 항상 그렇게 해야 함을 의미한다.

처음으로 상륙을 보낸다거나 혹은 익숙하지 않은 지역에서 상륙을 실시하게 될 경우에는 함정에서 가장 가까운 지하철역, 버스 혹은 택시 이용 장소 등과 같이 도움 될 만한 정보를 미리 제공하는 것이 좋다. 나중에 함정으로 돌아올 경우에도 어떤 교통편을 사용하는 것이 나은지를 알려주면 좋을 것이다. 외국 항구를 사용할 대원을 위하여 환율을 알려주는 것도 좋을 것이다. 이렇게 한다면 대원들이 손해 보지 않고 제대로 돈을 교환하게 될 것이다.

어떤 함정은 상륙자들이 상대적으로 시간에 맞추어 잘 귀대하고, 술에 취한 대원도 거의 발생하지 않는 매우 바람직한 기록을 갖고 있다. 함장은 문제 대원들이 발생할 경우에 부장에게 그 책임을 묻고 있었다.

새로운 항구에 도착하거나 오랜만에 도착하는 항구에 다다르면 부장은 해당 도시를 잘 설명하고 있는 소개서나 혹은 극장, 볼거리, 공원 등이 그려진 내용을 준비하여 이를 대원들에게 제공할 것이다. 함정으로부터 어떤 경로를 밟아 해당 장소로 가고 또한 귀대할 것인가를 설명해주면 더욱 좋을 것이다. 그렇게 해 줌으로써 대원들은 더 쉽게, 더 짧은 시간에 각자 목표하는 바를 성취하게 될 것이다. 또한 대원들을 쓸데없이 방황하게 하거나, 뱃사람이 가기 쉬운 살롱 따위를 들르지 않게 해 줄 것이다.

이는 좋은 습관이라 할 수 있는데, 왜냐하면 사기를 드높이는 데에도 좋을 뿐 아니라 상륙을 실시할 때 부사관들과 별도로 보트를 사용할 수 있게 하기 때문이다. 대부분의 함정에서는 보트 안전 상태의 확인을 목적으로, 고참 부사관들이 가장 먼저 보트를 타고 나가게 된다. 이어서 나머지 부사관들이 중사, 하사 순으로 보트를 타며 맨 마지막으로 수병들도 그 직렬에 따라 승선하게 된다. 이러한 관습은 각 개인의 배지(계급) 구분 뿐 아니라, 다른 여러 가지 사항을 알려주는 수단이 되기도 한다.

술

당직사관은 술에 취한 대원을 자주 다루게 된다. 이는 간혹 역겹고 힘든 일이다. 성공적으로 이 일을 마치려면 어떤 방법을 사용하여 어떻게 판단해야 할 것인지를 생각해야 한다.

어떤 함정이건 당직사관은 대원 통제와 안전 유지의 책임을 진다. 당직기간 중 도망자가 없도록 해야 하며, 다치는 장병이 있어서도 안 된다. 만약 이런 상황이 발생하고 해당 대원의 신변을 제한해야할 일이 생겼을 때에는 지체 없이 함장이나 관련 장교에게 보고해야 할 의무를 지니다. 또한 일지(log)에는 그 상황을 기록해야 한다. 당직사관은 안전을 위하여 관련 대원에 대한 어떤 조치를 취할 것인지를 강구하고 이를 안전하게 실시해야 한다.

술 취한 대원과 다투지 않도록 유의하라. 술 취한 대원이 있으면 말을 걸기보다 차라리 피하는 것이 낫다. 너무 많이 마셨거나 정신이 없는 상태라면 더 멀리 위치하도록 하라. 만약 그렇게 하지 않으면 장교로서의 위엄이나 해군 제복에 대한 위엄성을 유지하기는커녕 고통만을 안겨주게 될 것이다. 뿐만 아니라 당신을 본 후에는 자기 동료들에게 당신 욕을 할 것이며 나아가 다른 많은 장교들을 향해서도 욕하게 될 것이다. 만약 그가 그렇게 하면 이는 일반 형사감이며, 그는 감방신세를 지게 될 것이다. 아무튼 이런 경우는 피하도록 하는 것이 좋다. 분별 있게 행동하여 자기 업무를 보러가는 것이 좋다는 것이다. 주임상사에게 이야기하여 함교 아래(기합 주는 장소)로 출두시켜라.

만약 어떤 대원이 제대로 서지도 못할 만큼 많이 마셨거나 다른 대원에 의해 부축되어 함정에 오르거든 바로 군의관을 불러 그를 확인해보도록 해야 한다. 어쩌면 그 대원은 취한 게 아니라 마약을 복용했는지도 모른다. 그렇기 때문에 신속한 의료처리가 필요한 것이다. 만약 어떤 생각이 있어 그 대원이 술에 취하지 않았을 것이라고 믿고 싶더라도 항상 의사를 불러 그 대원의 건강상태를 확인해 보도록 해야 한다. 그렇게 함으로써 추후 예상되는 법정에서의 수많은 시간과 노력을 줄일수 있게 되는 것이다.

소형함정이어서 의사가 없는 경우에는 약사를 불러 이러한 검사를 실시하도록 해야 한다. 밀수하는 술에 대하여는 별도로 신중히 생각해야 한다. 밀수한 술이 없는지 모든 권한을 동원하여 이를 확인하는 일은 당직사관의 책무이다. 만약 이런 낌새가 있다면 언제든지 헌병을 배치하여 상륙 복귀자들 중 의심나는 대원들에 대하여 확인해보아야 한다. 호주머니 부분이 부풀어 올라 있는 등 외부적으로 좀 이상한 부분이 있으면 확실하게 조사해보도록 해야 한다. 함정으로 술을 갖고 들어오는 대원은 이를 사전에 보고해야 한다. 사전 보고 하지 않은 술은 인정되지 않으며 그 어떤 재량권도 허용되지 않는다.

대원들이 술을 갖고 오는 것이 눈에 띄면 일단 그 자체부터 이미 장교들은 관심을 갖고 보아야 한다. 언제 어떤 사고를 낼지 모르기 때문이며, 인명 사고는 물론 함정 전체를 파멸로 몰고 갈 수도 있기 때문이다.

나는 술로 인해 발생한 놀라운 일을 두 번 겪었다. 그 첫 번째는 콜론 (Colon) 바깥에서 구축함 닻을 내려놓고 있던 때였다. 밤 12시가 되어 벨이 4번 정도 울렸을 때, 당직 장소의 전압이 낮아지는 것을 알아차린

당직 부사관은 그 이유를 확인하기 위해 보일러실 출입구로 다가가 보았다. 그러나 거기에는 아무도 없었고, 보일러실 보조 당직을 불러보았지만 아무 응답을 들을 수 없었다.

주변을 둘러본 부사관은 급기야 한 대원이 보일러실 입구 바닥에 머리를 들이대고 누워있음을 발견하였다. 그는 너무 술에 취하여 혼자 일어나지도 못하였다. 그 함정은 석탄을 이용하여 이동하던 함정이라 적어도 한 명의 당직은 항상 고정대기하고 있어야 했다. 그나마 그 함정이 운이 좋아서 전압만 낮아진 것이지, 해수면이 낮아지지는 않았다는 점이다.

만약 해수면이 낮아졌더라면 보일러가 폭발하고 이는 곧 바로 뒤쪽에 위치한 보조 보일러실에서 잠자던 대원 30명의 생명을 앗아갈 수도 있었다. 해당 보일러실 대원은 포츠머스(Portsmouth)에 위치한 법원으로 송치되었다. 그는 상륙 중 술을 마신 상태에서, 술을 더 갖고 함정으로 반입해 들어왔던 것이다.

두 번째 경험은 훨씬 더 아찔한 것이었다. 전쟁이 끝난 후 얼마 되지 않은 당시 나는 또 다른 구축함에서 근무하고 있었다. 뉴욕의 노스 리브(North River)에 위치하다가 헬 게이트(Hell Gate)를 경유하여 뉴포트(Newport)로 향하고 있었다.

구축함은 안전하게 사운드(Sound)에 다다르자 속력을 붙여 25노트로 항해하기 시작하였다. 바지(barge) 끝단을 통과할 경우에는 속력을 3분의 1정도 줄이도록 되어 있었다. 그러나 함정 오른쪽을 돌아보자 오른쪽 기관이 주 기관사가 지시하는 대로 반응하지 않고 있었다. 이에 기관사는 잠시 함교를 비우고 기관실 아래로 내려가 그 연유를 조사하였다. 곧장 돌아온 기관사는 술에 취한 우측 추진기관 담당대원을 교체하였다고 보고했다. 그 담당 대원은 뉴욕에서 구입한 술을 당직 근무 시작 전에 몇 병 마셨던 것이었다.

그러한 상황은 상상해보기조차 싫다. 그러한 대원에게 당직근무를 맡긴 상태에서 헬 게이트(Hell Gate)를 통과하고자 했던 사실을 생각하면 너무도 끔찍스럽다. 나는 많은 것을 못하도록 금지시키는 사람은 아니다. 그러나 그러한 몇몇 끔찍한 상황들은 장교에게나, 술을 사와서 마신 그 대원들에게나, 그 목적에 관계없이 범법행위이며 무제한의 형벌이 내려지는 것이다.

술을 마시지 못하게 하거나 술을 함정에 들여오지 못하게 하는 일은 참 어려운 문제이다. 몇 가지 해결방안이 있겠지만 그 어떤 것도 완전한 방안은 되지 못할 것이다. 사물함이나 개인 가방 검사를 하면 다소 도움이 되겠지만 대개는 효과적이지 못하다. 더욱이 이러한 일은 대원들을 더욱 더 의기소침하게 만들며 분개심을 자아내게 한다. 그렇게 하더라도 숨겨진 술병은 거의 찾아내지 못한다. 함정에 술을 가져온 대원, 특히 술 취한 상태에서 그런 행동을 하는 대원은 더더욱 민첩하고 주도면밀하다. 어떤 함정에서는 쿠바의 시엔푸어고스(Cienfuegos)를 다녀온 후, 4인치 포대 안에 각종 술이 포대 전반에 숨겨져 있었다고 하며, 심지어 세탁장비, 함수 탄약고 등도 술병으로 가득 차 있었다고 한다.

제6장

훈련

상선을 타던 사람들이 전쟁 기간 중 해군의 임무를 수행한 적이 있었다. 현재 해군 수병들은 자신의 직무직렬을 갖고 있어야 하지만 옛날 수병들은 자신의 직무직렬이 무엇이었는지 거의 모르고 지냈다. 해군은 전문가들을 확보하고 있어야 한다. 아울러 어떻게 해서든 그러한 전문적인 자질들을 키울 수 있도록 해야 한다. 그러나 해군에서는 어떤 대원들이 어떤 자질을 보유하고 있는지에 대하여 잘 파악하지 못하고 있는 실정이다. 한편으로는 어떤 전문가가 얼마만큼 있어야하는지 어디서 충당해야 하는지 조차도 잘 모르고 있다.

전문가는 자기 자신의 분야뿐 아니라 자기와 연관되는 분야에 관하여도 알고 있어야 한다. 대원들은 주어지는 여러 가지 일들을 훌륭하게 수행해낼 수 있어야 한다. 대개 이러한 일들은 함상 장교들로부터 배우게 된다. 준위와 부사관은 자기 직별과 연관하여 구체적인 사항을 가르치지만, 최종 책임은 장교가 지게 된다.

장교가 책임을 지는 것은 지당하고도 자연스런 이치다. 부사관들은 오고 가지만, 장교는 자신의 모든 것을 해군에 헌신하는 사람이다. 장교는 언제 일어날지 모르는 전쟁에 대비하여 대원들을 교육시켜야 하는 막중한 책임을 지고 있다. 대원들이 눈을 뜨고 있는 시간이면 모두 다 교육훈련에 매진하도록 해야 한다.

어떤 일정한 지침을 주기 위하여 별도의 시간이 정해지는 일은 거의 없다. 대원들이 알아야 할 일이 생기면 시간과 장소에 구애됨 없이 이를 잘 가르쳐주어야 한다. 사실 대원들은 행동하면서 배운다. 그러나 대원들의 잘못된 행동에 대하여는 가차 없이 이를 지적해주고 시정하도록 해야 한다.

어떤 특수한 조직을 교육시켜야 할 때, 장교는 네 가지 임무를 안게 된다. 먼저 관련 정보를 알려줌으로써 관심을 갖고 이를 해결해나갈 수 있도록 해 주어야 한다. 적절한 개선이나 진척이 이루어지도록 하는 것이 장교의 임무다. 대원들과 대원들이 학습해야 할 내용 사이에 존재하는 것이 장교다. 자신이 대원들에 대하여 알고 있는 내용과 함께 자신이 준비한 주제 혹은 그 내용을 확실하게 설명해 줄 수 있어야 하는 것이다.

대원들이 일을 잘 해내느냐 혹은 실패하느냐의 모든 책임은 장교에게 달려있다. 대원들은 그들의 과업을 실행함에 있어 장교를 기준으로 삼는다. 만약 장교가 기대했던 것보다 수준이 낮으면, 대원들은 이를 금방 알아차린다. 함장도 곧 이러한 사실, 즉 해당 부서의 비효율적인 측면을 금방 알아차리게 될 것이다.

약간의 기술을 요하는 작업에서 대원들을 교육시키거나 훈련시킬 경우 가장 좋은 효과를 나타내는 것은 대개 첫 시간이다. 그 다음 시간부터는 별다른 진척이 거의 없다가 차츰차츰 조금씩 나아진다. 어떤 해군 무선통신학교에서는 이렇듯 조금씩 나아지는 내역을 곡선그래프를 사용하여 보여줌으로써, 그 다음 훈련이 얼마만큼 적합한지 그 여부를 보여준다.

이러한 곡선에서 이상하게 벗어나 있는 대원은 해당 훈련을 받을 능력이 부족하다는 것을 알려준다. 이 곡선은 처음에는 완만하게 상승하다가 어느 시점에 가면 거의 수평을 이루면서 아무런 진전도 일어나지 않게 된다. 그 이후에는 처음보다는 약한 경사면의 상승곡면을 그리게 되는데 이때 대원들은 훈련소를 벗어나 해당부대로 배치된다. 아무런 진전도 일어나지 않는 시기가 지나면 훈련의 효과는 다소 떨어지지만 곧 향상될 것이라는 기대를 갖게 된다.

어떤 새로운 일을 배우는 사람은 처음에는 그 새로움에 매료되어 실제 많은 노력을 기울인다. 그러한 노력이 잠시 멈추는 기간에 상승곡면이 수평선을 유지하는데 이때에는 많은 것을 고려해야 한다. 어떤 사람의 흥미를 유발함으로써 해당 작업에 조금의 진전이라도 있었지만 점차 그러한 모습이 사라져버리기 때문이다. 그러나 심리학자들은 이러한 현상이 정상적인 것이라고 말한다. 조만간 보여줄 진전을 위한 조정시기라고 보는 것이다.

위의 사례는 대원들을 가르칠 경우에도 똑같이 적용된다. 결국 훈련도 교육이라고 말할 수 있기 때문이다. 또한 매년 대원들에게 비슷한 훈련을 실시하는 군에서는 그 어디서나 위와 같은 문제를 갖고 있다고 볼 수 있다.

수병들이 해군에 입대하게 되면 그들은 그동안 자신들이 속했던 것과는 전혀 다른 환경에 놓이게 된다는 것을 명심해야 한다. 매일 꼭 같이 단조롭게 쳇바퀴 도는 듯이 보이는 군의 일상사일지라도 처음에 입대한 대원들에게는 엄청난 모험이 될 수 있는 것이다. 그들은 해군이라는 그 새로운 세계를 호기심과 관심을 갖고 바라보며 정열을 바쳐 일해보고자 한다.

그들의 마음은 순수하게 열려있으며, 군의 과업을 받아들일 준비가 되어있다. 그러나 그들에게는 해군관련 지식과 미래의 임무이행을 위한 씨앗이 제공되지 않으면 안 된다. 그들에게 무엇을 해야 하는지 또한 무엇을 하면 안 되는지를 잘 가르쳐주어야만 한다. 해군에 갓 들어온 그들은 인내심을 갖고 무릇 군인이란 어떤 삶을 살아야하는 것인지, 어떻게 작업해야 하는지, 어떻게 어울려야하는지를 귀담아 들을 것이다. 그들에게 필요한 것은 처벌이 아니라 교육인 것이다. 처벌은 교육이 실패했을 때 사용하는 마지막 수단이다. 한 장교는 다음과 같이 말하고 있다.

어떤 바보가 너를 우롱하더라도 너는 참을 수 있다. 너는 현명한 사람이다. 그러나 그 바보가 또다시 너를 우롱한다면 너는 정말 바보다.

가끔 함장은 조사해야 할 어떤 사람의 잘못을 스스로 조사하지 않고 다른 사람을 시켜 잘못을 저지른 사람에 대하여 알아보고 보고하도록 지시할 것이다. 자신이 조사하는 것보다는 지시하는 것이 쉬워서 그렇게 하는 것으로 생각되기도 한다. 그러나 그 누구도 심지어는 연합사령관조차도 해군에 대한 모든 내용을 알지 못한다. 해군의 인적·물적 관련 내용 혹은 관련 과업은 항상 진행되고 있다. 즉 현재진행형인 것이다.

작년 당신이 사관생도 1학년 시절에 알았던 내용들을 지금의 1학년들은 모르고 있다고 비난하지 마라. 그들의 차 상급 학년 생도들이 응당 가르쳐주어야 할 내용들을 가르쳐 주지 않았다고 비난하지 마라. 문제 있는 부서에는 문제 있는 부서장이 존재한다는 사실을 반영할 뿐이다. 훌륭한 함정에는 훌륭한 함장이 있고, 훌륭한 함장은 함정을 멋지게 운영한다.

장교는 대원들에게 포 배열, 무선통신 등 여러 가지 관련 기술들을 가르쳐야 한다. 사각형 구멍을 둥근 모양의 형태로 막을 수는 없는 법이다. 마찬가지로 자신이 배우고 싶지 않은 내용을 잘 배울 수는 없는 것이다. 우선 흥미를 가지도록 해야 한다.

흥미를 느끼지 못하는 일은 실패하기 마련이다. 먼저 해당 대원이 어떠한 일을 좋아하는지를 파악해야 한다. 그리고 그러한 일을 하도록 하기 위해서는 먼저 어떤 기초가 되어있어야 하는지를 알아야 한다. 만약 그러한 조건이 갖추어져 있다면 확신을 갖고 교육시킬 수 있게 된다. 만약 그러한 선결조건이 충족되어 있지 않은 대원이 있다면 왜 그가 바라는 일을 할 수 없는 것인지 확인시켜주도록 해야 한다. 이러한 곳에서부터 당신의 능력이 드러난다.

어떤 부류에서는 물질적 보상이나 봉급 때문에 영향을 받기도 한다. 나는 무선통신사가 되고 싶어 하는 한 수병을 알고 있다. 그는 책상에 앉아서 매뉴얼을 두드리는 작업을 선호한다. 그러나 그 수병은 관련된 지식이 없어 해당업무를 잘 수행할 것으로 보이지는 않았다. 관련 부분의 교육훈련 경험이 없는 그 수병은 함정 내에서 자신이 원하는 다른 업무를 맡게 되었는데, 거기서 그는 맡은 업무를 잘 수행할 수 있었다.

맡은 업무를 잘 수행해낼 수 있을 것 같은 자리에 대원들을 배치하는 일은 해군의 가치를 높이기 위한 교육의 첫 단계라고 볼 수 있다. 아무리 열의가 높은 사람이라 할지라도 관련 능력이 잠재되어있지 않은 사람을 배치하면 얼마 되지 않아 흥미를 잃고 말 것이다. 사람 좋고 일 잘하고 희생심이 있다하여 갑판장 일을 잘 수행할 것이라고 예단할 수는 없다. 갑판장의 주요 가치는 일종의 리더십을 발휘해야 하는 역량에 달려있기 때문이며, 매뉴얼에 의거한 작업이 곧 그의 대원들을 리드하는 것으로 볼 수는 없기 때문이다.

매뉴얼에 따른 작업이 중요하다 할지라도 갑판 위에는 처리해야 할 수많은 작업들이 산적해 있다. 갑판 등의 직렬에서 공격적이거나 신경질적으로 일하지 않는다면 빨리 진급할 수 있을 것이다. 어려운 일은 똑똑한 사람들이 더 잘 해낸다. 어떤 부류의 사람들은 열심히 일하지만 어떤 기회를 잡으려고 하지는 않는다. 어떤 부류는 조용히 일하지만 어떤 내용이 포함되어야 하는지 혹은 어떤 것이 포함되지 않아야 하는지를 안다. 극소수이긴 하지만 어떤 이들은 짜증을 내지 않으면 안 된다고 생각하며 일한다.

열정이 넘치는 사람을 가르치기는 매우 쉽다. 수동적인 사람들을 가르치는 것도 그다지 어렵지 않다. 그러나 게으름부리는 사람들을 가르치기란 거의 불가능하다. 첫 번째 부류는 리더들이며, 두 번째 부류는 대부분의 대원들, 그리고 마지막인 세 번째 부류는 불평 많은 문제 대원들이다. 이들은 빨리 쫓아내야 한다. 첫 번째 그리고 세 번째 부류에 해당하는 이들은 극소수다. 대부분의 대원들은 단순히 수동적으로 따르는 이들이다.

배우고자 하지 않는 세 번째 부류들을 제외하면, 곧 우뚝 서게 될 리더들과 수동적인 대원들이다. 리드하는 자는 리드하기 전에 먼저 배워야 한다. 아는 것이 힘이다. 알지 못하고서는 다른 사람을 리드할 수 없다. 수동적인 인간들도 행하기 전에 먼저 배워야 한다.

적재적소에 배치된 이는 자신의 과업에 흥미를 가지며 또한 지녀야 할 능력을 지니고 있어 자신감이 충만하다. 자신의 능력을 믿지 못하는 사람은 이를 부풀린다. 잘 알지 못하는 부서로 가게 되는 대원은 자신의 정열을 쏟아 부을 수 있게끔 자신감을 주는 작은 성공이 있어야 한다. 그렇기 때문에 그 속도를 너무 급격히 올리지 않는 것이 좋다.

어떤 사람의 성공담을 살펴보면 비록 적은 진전이라도 이를 하나하나 충분히 보여주는 과정이 있었음을 알 수 있다. 물론 일을 하지 않고 모두들 쉬는 날도 있다. 그러나 그 쉬는 날을 최소화하며 교육훈련을 지속할 때 성공하게 되는 법이다. 훈련은 짧되 강도는 세고, 에너지가 충만해야 하며, 관심을 끌기에 모자람이 없어야 한다. 전광석화와 같이 순식간에 해내는 훈련이 질질 시간을 끌면서 하는 훈련보다 긴장감이 고조되고 효과 또한 훨씬 높다.

조심해야 할 상황이 전혀 아님에도 불구하고 대기 중인 대원들을 긴장하도록 하는 것은 백해무익한 일이다. 아홉 개의 대포 중에 오직 하나만 사용할 생각이면서도 아홉 개의 포를 전부 준비시키는 일은 잘못된 것이다. 두 개 혹은 세 개의 포를 사용할 경우라면 조금은 낫겠지만 그래도 많은 대원들을 불편하게 만드는 일이다.

새로운 일을 시도하고 나면 그 이후에는 흥미가 식는다. 단조롭다고 느끼게 되며 싫증을 느끼기 쉽다. 끊임없이 외부적 수단을 사용하여 대원들의 흥미를 붙잡아 두도록 노력하라. 이를테면 여러 부서 간에 시합을 주선하고, 가장 좋은 점수를 획득한 부서에는 특별 상륙 등의 특전을 부과할 수도 있을 것이다. 단조롭고 무미건조하지 않게 만들고자 한다면 관련된 기법이 조금씩 나타나기 시작할 것이다. 물론 흥미로움도 더해질 것이다.

이와 관련한 훈련 중 하나가 대상자 지목하기 훈련이다. 연관된 기술을 배우는 마음 자세는 모두 비슷하다. 어떤 대원이 그러한 기술을 확실히 습득하게 되면, 흥미로움을 제공해야 하는 문제는 어느 정도 벗어날 수 있게 된다. 왜냐하면 기술을 습득하기 위해 노력하는 동안 집중하는 일이 일상 습관으로 자리잡아가기 때문이다.

좋은 생각은 좋은 행동을 낳기 마련이다. 훌륭한 수영선수는 수영을 좋아하기 마련이며, 훌륭한 골프선수는 골프를 좋아하기 마련이다. 관심을 갖고 있는 사람이 그 분야의 전문가가 되고, 전문가는 의식적인 노력 없이도 자신의 분야에 매진하게 된다. 전문가는 어떻게 해야 전문가가 된다는 것을 안다. 전문가는 자기 아래에서 학습하는 학생이 어떻게 하면 전문가가 되는지를 이해하기를 바란다.

교육 과정에서 고려되어야 할 또 다른 국면은 여러 가지 일반 상황들을 포괄할 줄 아는 교수(teaching) 습관이다. 예를 들면 상부의 명령에 대한 내용은 본능적으로 즉각 준수되도록 해야 한다는 점이다. 보병들에 대한 정확성 훈련은 해군의 요청이 있어야 지시할 수 있기 때문에 가르쳐줄 수 있는 성질이 아니다. 명령에 대한 자발적인 복종이 생활화된 상태에서만 가능한 일인 것이다.

몇 년 전 어떤 경순양함 내의 군기 빠진 한 부서가 아주 간단한 방법을 사용하여 변화하기 시작했다. 그 함정은 해안 훈련을 준비하며 멕시코 수로 주위를 맴돌고 있었다. 베라크루즈(Vera Cruz)와 탁스팜(Tuxpam) 사이에서 무선 라디오 중계방송을 받은 그 함정은 로보스섬(Lobos Island) 쪽에 닻을 내렸다.

그러나 그 곳에서는 상륙을 실시할 수 없었다. 갑판 공간이 좁은 관계로 보병 훈련을 실시할 수도 없었다. 상갑판에 집합한 대원들이 해산하기를 기다리고 있었는데 그 때 어떤 부서장이 갑자기 빠른 속도로, "우향우, 좌향좌, 뒤로 돌아!" 등을 외치며 부서 대원들을 훈련시키기 시작했다. 동작 숙달 훈련을 실시하라는 지시가 있지도 않았다. 하지만 그 구령에 맞추어 움직이지 못한 대원들은 방향이 맞지 않아 우왕좌왕거리고 있었다. 동작 숙달 훈련은 각 개개인 모두가 매우 짧은 시간에 함께 동작을 맞추어 실시해야 하는 집중력이 요구되는 훈련이다. 그 빠른 구령에 멍청하게 대응하였다가는 그대로 지적당하게 되는 것이다. 몇몇 몽롱한 대원들이 동작을 잘 못하여 지적당하고 불편함을 느꼈다. 그러나 그 수는 점점 줄어들었다.

하루 10분씩 한 달 동안 이 훈련을 지속하자 모두들 그 명령에 신속하고 정확하게 반응하였다. 비록 의도된 것은 아니었지만 사령관 취임식 연습 중 그 부서는 멋진 외적 자세를 연출해냈다. 그 부서장이 실시한 훈련, 이제는 의식하지 않더라도 틀리지 않고 통일된 동작이 나오도록 만든 그 훈련이 해당 부서원들을 명령에 따라 복종하게 하는, 즉 몸과 마음이 일체가 되어 하나로 움직이게 하는 습관으로 만들었던 것이다.

제7장
마치면서

젊은 장교들이 제기하는 부족한 월급문제에 귀 기울이는 사람은 거의 없다. 나는 젊은 장교들이 돈을 너무 많이 받거나 혹은 적게 받는 사실을 말하려고 하는 것이 아니다. 부정할 수는 없지만, 서른 살 이하의 나이에 대학을 막 졸업하여 장교 대신 다른 직업을 얻었을 때 더 많은 월급을 받을 수 있음에도 불구하고 군이 해군장교가 되려는 사람은 그 수가 매우 적다.

알다시피 해군 장교가 정부에 대해 일하는 목적은 평가를 받기 위해서가 아니다. 한 장교의 월급은 그가 행동하는 직무나 그의 임무에 대한 책임감에 따라 책정되는 것이 아니다. 사실 높은 파도 속에서 위험을 감수하며 생활하면서 수백 명의 목숨과 수많은 정부 소유물에 대하여 책임을 지지만, 그의 봉급은 생도 40명을 가르치는 장교와 동일하다.

세계대전 중에 미 원정대 총사령관은 그의 지휘 하에 있던 3백만 명의 장교와 군인들의 목숨이 달린 전쟁에서 승리해야 하는 막중한 책임을 지고 있었다. 하지만 그런 엄청난 일을 수행하는 사람에 대한 월급은 셜리템플(Shirley Temple) 사의 한 직원이 받는 급료와 대비해서 정확히 5분의 1밖에 되지 않았다.

오래전 한 훌륭한 보병 사단의 대령이 전쟁으로 인해 프랑스로 항해하면서 전시 보너스에 관하여 자신의 생각을 다음과 같이 남긴바 있다.

그들은 우리를 돈 많이 받는 용병으로 생각하는 겁니까? 그들은 우리가 돈을 벌려고 군에 있다고 생각합니까? 그들은 과연 우리가 위험을 감수하고 목숨까지도 내어놓는 일을 그들이 내는 돈으로 갚아지는 것이라고 생각하는 것일까요? 그들은 우리의 애국심을 매매할 수 있는 것이라고 생각하고 있는 겁니까? 이 전쟁 보너스는 우리 군에 있는 모든 장교의 애국심에 대한 모욕입니다.

그렇다. 그 누구도 우리 해군이나 육군 장교들의 업무를 평가할 수 없는 일이다. 상식적으로 우리의 급료는 급료도 아닌 것이다. 해군이 이 사실을 증명한다. 하지만 하나의 직업이라고 하는 것이 아마 정확할 것이며, 어쩌면 성직이라고 할 수밖에 없는 일이다. 우리는 우리의 업무를 정부에 팔아넘기지 않는다. 우리는 고용된 것이 아니다. 오히려 정부가 우리를 교육시키고 훈련시켜 우리의 삶에 대한 직업을 보장해주는 것이다. 그래서 우리는 정부에 대한 책임과 의무를 지니게 되는 것이다.

젊은 장교들이여, 자기 상관의 인격이나 이상한 행동에 대해 비판하지 않도록 하라. 자신이 이제 막 중년을 넘었을 지라도 당신의 후임은 당신을 가장 늙은 한 마리 새로 본다는 것을 명심해야 한다. 우리가 얼마나 참을성 없이 화를 잘 내고 얼마나 우리의 본성이 나쁜지를 잠시만 멈춰 생각해보자. 곧 우리는 50대가 되어 쓰레기 더미 선실 구석에 갇혀 있을 때가 올 것이다.

퀘이크(Quaker) 교도인 나의 증조모는 다음과 같은 말을 자주 하셨다.

그대와 나만 빼고는 모두가 비정상입니다. 하지만 그대도 어쩔 땐 좀 이상합니다.

장교들은 많은 대원들을 다루기 때문에 매우 조심해야 한다. 업무 수행에 있어 당직사관과 당직부사관이 이를 훌륭하게 전달하는 메신저와 전문가의 역할을 담당할 수 있는 좋은 위치에 있지만, 그들 대부분은 실전에 있어 무능한 경우가 많다. 그들은 아직까지도 적은 월급을 받으면서 부정확한 지식을 가지고 무책임한 행동을 한다는 비평을 지금까지도 받고 있다. 이러한 관점에서 생각해 보았는가? 당직사관들이 통신담당관으로서의 영리함을 보여주고자 한다면 그들의 능력과 실력을 큰 선박이나 수준 높은 함정에서 보여주는 것이 가장 효과적일 것이다.

　필요하다면 하루 종일 24시간 일을 해야 한다. 하지만 대원들과 함께 해야 한다. 만약 당신이 1시쯤에 골프클럽을 들고 함정 현측에 서서 갑판장에게 8시까지 일하라고 지금까지 말했다면 그동안 당신이 한 말은 헛것에 불과하다.

권력을 적절히 사용할 줄 아는 최고의 장교는 출동 중에는 함교에서,

항구에서는 함미 갑판에 위치하면서 대원들을 관찰해야 한다는 것을

잊지 않도록 하라. 그리고 유능하고 신속하며 유쾌한 목소리를 갖고 일하는 사람이 주로 제일 윗자리를 차지하게 된다는 것을 명심하라.

시간이 지나면서 관습이나 기준이 변함에 따라 함정에 승함한 사람들은 현재의 편안함에 더하여 더 많은 변화를 요구하기 마련이다. 100년 전만 하더라도 일반 가정에는 지금에 비해 현대식 물건들이 거의 없었다. 이와 비슷하게 그 당시 헌법의 보호를 받는 대원들은 갑판 위에 널린 돛에서 음식을 찾아먹었고, 월급으로는 소금 뿌린 돼지고기와 건빵을 받았다. 신선하고 시원하게 보관된 달걀, 고기, 야채는 아예 없었고, 시원한 것도 없었다. 심지어 맛이 괜찮은 물조차도 없었다. 불법으로 간주되는 값 비싼 물건은 전혀 없었고, 농축우유마저도 없었다. 또한 지금과 비교해보면, 그 당시에는 정말 극소수 일부의 사람들만이 쓰거나 읽을 수 있었다.

매우 적은 양의 편지를 썼으며, 읽을 책 또한 지금에 비해 형편없이 적었다. 실제 조명시설이 매우 낙후되어 낮이라도 높은 곳에 가지 않으면 책을 읽기도 사실상 불가능했다. 하지만 이제 해군은 대원들이 육체적으로 편안하도록 해주어야 한다. 이와 관련해서 뒤떨어지는 생각을 해서는 안 될 것이다.

승함하게 될 함정에는 대원들이 개인적인 자기만족감과 자신감이 조성될 수 있는 환경이 마련되어 있어야 한다. 환경을 어떻게 만드느냐에 따라 정신적인 안정감 혹은 불안감의 정도도 함께 결정된다.

부서장과 장교들은 조명시설이 괜찮은지, 적당한 환풍기 시설이 비치되어 있는지를 확인해야 한다. 나아가 레저 활동을 위한 캠프 발판이나 그 외에도 앉아서 책을 읽거나 글을 쓸 수 있는 공간이 있는지, 시계가 있는지 살펴보고, 이벤트나 최신 정보가 가득 찬 게시판 등을 준비해 두도록 해야 한다. 겨울에 상륙 나가게 될 대원들이 젖은 날씨에도 적절히 이용할 수 있는 덮게 달린 보트도 제대로 있는지 살펴보아야 한다.

몇몇 장교들은 때때로 부서원 전체 혹은 일부 요원들에게 연설하는 것이 효과적이라고 생각한다. 이것은 특히 새로 부서장이 되었을 때,

사격 훈련 같은 몇몇의 행사에 앞서, 혹은 뉴욕 상륙실시 등에 앞서 실시하는 것이 더욱 효과적이라고 생각한다.

만약 당신이 신임 장교로 부임하게 되면 상관 장교들은 당신이 하는 말을 들어보고서는 당신이 어떤 생각을 하고 있는지, 어떤 태도를 지니고 있는지, 혹은 어떤 것을 싫어하는지 따위를 알아보고자 할 것이다. 그렇지만 이러한 기회를 너무 남용하지 않도록 하고, 허풍을 떠는 일도 없도록 하라. 만약 기회를 엿보거나 허풍을 떤다면, 그들은 바로 당신을 매우 보잘 것 없는 사람으로 판단할 것이다.

낙천적인 사람이 되도록 노력하라. 좋은 습관을 길러라. 항상 대원들의 문제를 걱정하는 사람들이 있다. 그들은 어떤 일이 제대로 되지 않으면 어떻게 할까 항상 염려하고 있다. 낙천적인 사람은 신선한 공기를 마시는 것 같은 사람이다. 그는 만나는 모든 사람들을 격려한다. 모든 해군 장교들 가운데에서 가장 훌륭한 장교인 넬슨(Lord Nelson) 제독의 격언 중 하나는 다음과 같다.

나는 문제를 발견하려고 앞장 서는 것이 아니라 문제를 없애기 위해
앞장선다.

성공하고자 하면서도 어려움이 없는 길을 찾아가고, 방해물을 찾아
가지 않는 사람의 신용도가 낮은 것은 어쩌면 당연하고 마땅한 일이
다. 모든 영예와 명예는 자신의 일에 몰두하고, 그 어떤 어려움에도 불
구하고 목적을 달성하는 사람들에게 돌아간다.
　오래전 한 갑판장이 다음과 같이 말하였다.

장교가 되는 것은 어렵지 않다. 그러나 훌륭한 장교가 되는 것은 정
말 어려운 일이다.

이것보다 진실한 것은 없다. 해군사관학교를 졸업한 사람은 그 누구
라도 그저 명령에 복종하면서, 어떠한 위험도 감수하지 않으면서, 그
럭저럭 장교생활을 해 나갈 수 있다. 그리고 대부분 문제없이 높은 존

경을 받는 부류에 합류하게 될 수 있다. 로드 피셔(Lord Fisher)가 잘 묘사하고 있는 바와 같이 '바지 속의 노파'로 평범하게 그 대열에 합류할 수 있다는 말이다.

그렇지만 남들보다 앞서 있고, 뛰어난 사람은 미래에 미 합참의장이 되고자하는 야망을 가진 사나이들이다. 젊은 소위들 중에서 우리가 볼 수 있는 이런 종류의 사람은 활기가 넘치고, 앞을 향하여 나아갈 수 있는 능력이 있으며, 항상 노력하고 자신이 행하는 일이 가장 중요한 일이라고 생각하는 젊은이다. 그리고 그들은 이러한 '핵심사항'을 영원히 간직하고 살아가는 사나이들이다.

항상 모든 것에 대해 당신을 채찍질하라. 만약 당신이 자신을 채찍질하지 못하는 이상한 체질이라면, 당신이 속한 함정과 함장에게 충성을 다하는 것이 당연하다. 당신의 상관이 가치 있는 사람이라고 생각되면, 건설적인 모든 방법을 동원하여 그를 비평하라. 하지만 당신의 비평이 받아들여지지 않고 거절당하면 잊어버려라. 그러나 이전과 같은 웃음은 잃지 말고 하던 일을 계속하라.

누구누구의 평가 때문에 자신의 의견이 받아들여지지 않았다고 분개하는 사람이 되지 마라. 그런 사람은 제독이 되기 어렵다. 당신은 제독이 될 수 있는 사람일 것이다. 아마도 그럴 것이다. 만약 그렇다면 이러한 사실을 마음 속 깊이 간직하고 당신의 양심이 명하는 상만을 받도록 하라.

권력자에게 반항하지 마라. 당신에게 돌아오는 것은 거의 없다. 다음은 넬슨 제독이 처음이자 마지막으로 '반항'에 대하여 쓴 글이다.

화에 대하여 생각해 보았는가?

이것이 그대 상관들과 자주 싸우게 해 주었다.

순간의 화가 그대들을 반항으로 이끌 수도 있다.

그러나 그 이후가 문제다. 화가 났다면

그 이유를 편지에 밤새워 적어라.

밤새워 적은 편지들을 아침에 태우는 자들은 발전할 것이다.

그 편지의 내용들은 평가받지 못한 채 사라져 갈 것이다.

그러나 진정한 겁쟁이는 그 편지를 남기길 원할 것이며,

그 편지에 자신을 표현하게 된다.

만약 당신 부서의 한 대원이 탈영을 했는데 당신이 미리 그에게 그러한 범죄를 범하지 말아야 한다고 경고하지 않았다면 그의 탈영은 부분적으로 당신 책임이기도 하다. 탈영으로 인한 불명예로 평생 살아가야한다는 것을 대원들에게 설명하는 것은 모든 부서장의 의무다.

한 장교의 가치는 정부에 대한 그의 의무에 얼마나 귀를 기울이고 이를 따르는가에 달려 있다. 이는 한 장교가 얼마나 많은 능력을 가지고있느냐 하는 문제가 아니라 그가 가지고 있는 능력을 얼마나 잘 사용하는가에 달려 있다.

사무실이나 사관실 혹은 조타실 바깥쪽이 소란스럽지 않게 하라. 만약 수병이 장교의 격실을 존중하지 않는다면 그들은 대개 그 장교에

대한 존경심이 없는 것이다. 제복에 대해 존중하도록 하는 것은 당신의 의무이다.

규칙상 사병은 사관전용구역, 상급 사관실에 출입할 수 없다. 만약 대원이 개인적으로 만나고 싶어 한다면 장교 격실이 아닌 함정 내의 적절한 공간에서 면담하도록 하라.

해당 대원에게 언제 어디서 개인적으로 말하겠다고 알려주어라. 만약 갑판장에게 특정시간에 대원들의 소집을 명하였고, 이에 따라 모든 대원들이 기다리고 있을 때, 당신이 카드 게임을 계속한다거나, 혹은 낮잠을 자면서 그들을 계속 기다리게 하는 것보다 더 대원들의 사기를 떨어뜨리는 일은 없다. 혹시 그런다면 당신은 이미 과업에는 관심이 없는 게으름뱅이로 낙인 찍혀 있을 것이다.

우수한 지식을 보여줌으로써 맡은 바 직위와 가치의 중요성을 증명하는 것이 장교의 본분이다. 어떠한 부서원도 예하 대원들을 명령하기 위한 적절한 지식을 갖추지 못한 장교들을 존중하지 않기 때문이다.

규정에 따라 키를 잡고 있는 수병들과는 직접적으로 대화하지 않도록 해야 한다. 이러한 대화는 당신의 임무가 수병들에 의해 제대로 전달되고 있는지를 확인하는 하급 장교의 임무이기 때문이다. 그들이 하는 것을 지켜보기만 하라. 대원들과 함께 그들이 알아야 하는 주제에 관해 짧게 대화하라. 대화는 짧아야 한다는 것을 명심하라. 할 말만 하고 중지하라.

아래에 휴전 협정 직후에 뽑은 몇 가지 질문들이 있다. 누가 이러한 질문을 만들었는지는 모르나, 아일랜드 남서부 해안 앞 바다의 상황을 잘 알고 있는 사람이라고 생각된다. 그는 나와 당신 그리고 우리 모두에게 묻고 있다.

질문1. 3일 동안 계속되는 거센 폭탄폭풍 속에서 침실과 사물함은 물로 가득하고 식량도 바닥났는데 그래도 당신은 우리를 돌볼 수 있다고 생각합니까?

질문2. 당신은 바다 위에서도 우리에게 좋은 옷, 좋은 음식, 편리한
삶이 보장되도록 해주어야 한다고 믿고 있습니까?

질문3. 비상사태 발생 시, 당신은 그 상황을 정확하게 인식하고, 신
속?명확하고도 현명한 결정을 내릴 수 있다고 생각합니까?

질문4. 당신이 우리에게서 원하는 어떤 물건이 있을 때, 우리가 그 무
엇이든 내어줄 수 있을 만큼 당신에게는 리더십이 있습니까?

질문5. 멀리 서서 당신 자신을 바라보시오. 당신은 함미갑판의 전시
품입니까, 아니면 대원입니까?

질문6. 현재의 직업에 만족하십니까?
만약 당신이 당신 계급에 대하여 완벽한 자격이 없다고 생각한다면,
당신의 가치와 능력을 기르는 일에 열심히 노력해야 합니다. 그러면

아마도 훌륭한 장교가 될 수 있을 것입니다. 당신이 상급자로 진급하기에 충분한 자질을 가지고 있다고 생각한다면, 하느님이 당신을 위해 좋은 땅을 준비하실 것입니다. 왜냐하면 자연은 순리대로 나아가기 때문입니다.

대원들이 자긍심을 갖게 하는 일은 그들을 통솔함에 있어 가장 좋은 방법이다. 그들 자신과 경력에 자긍심을 가질 수 있도록 최선을 다해야 한다. 또한 계속적으로 그들의 경력을 공정하게 관리하는 모습을 보여주어야 한다.

자신이 해도 짜증나는 일은 대원들에게도 시키지 마라. 장교답지 않은 행동으로 값싼 인기를 얻으려고 하지마라. 대원들은 장교들을 매우 빨리 그리고 정확하게 판단한다. 그들은 장교의 관심이 진실인지 거짓인지 즉각 알아챈다. 그들은 의무에 대해 엄격한 행동을 요구하는 장교를 존경하고 감탄한다. 대원들에게 잔소리하지 마라. 무시하지도 마라. 응석받이로 길러서도 안 된다. 광대처럼 취급하지도 마라.

당신 대원이 최선을 다했는데도 성과가 없으면, 실력이 없다고 걱정하거나 나무라는 것은 의미 없는 일이다.

모든 기계와 장비는 엄청나게 향상될 수 있는 능력이 있다. 이 점에 있어서는 사람도 마찬가지다.

한 바보가 잘 못 행한 일을 수정하는 데에는 수많은 천재가 필요하다.

어떤 바보라도 비판할 수 있다. 대부분의 바보들이 남을 비판하고 있는 것처럼.

세심한 준비만이 실패에 대한 최고의 예방책이다.

문제가 발생하면 이를 양면에서 생각해 보아야 한다는 것을 잊지 마라. 모든 주장은 완벽하지 않은 정보에 의해 만들어진다. 정보가 사실일 수도 있지만 거짓일 가능성도 높다.

비효율성을 일으키는 가장 큰 원인은 무지가 아니라 알고 있는 지식을 제대로 사용하지 못하는 데에서 비롯된다. 한 사람의 역량은 그 사람이 미래를 어떻게 보는가에 따라 측정될 수 있다. 한 사람의 인격은 그 사람의 모든 행동에서 드러난다. 우유부단하여 마음을 자주 바꾸는 것은 좋지 않다.

스스로 연습을 통해 자신을 훈련시켜야 한다. 먼저 해야 할 것 혹은 나중에 해도 좋은 것에 대하여 여러 가지 질문해 보고 의심해 보아야 한다. 과업은 신속하고 과단성 있게 해결함으로써 최고의 결과가 나올 수 있도록 행동해야 한다.

"책임은 우리 모두를 겁쟁이로 만든다."는 말이 있다. 맞는 말이다. 우리는 다른 사람을 비판함에 있어 조심하지 않고 막말을 해댄다. 겉으로 볼 때 어떤 일이 성공이나 실패가 간단히 드러나 보이는 것 같아도, 막상 그 일에 책임을 지고 임하면 우리가 그 동안 얼마나 자만했던가를 알게 되며, 이로써 우리는 상당한 기를 잃어버리게 된다. 우리는 단지 어려움이 가장 적다고 생각하는 길을 따라왔을 뿐이었음을 알게 된다. 넘치는 정의감이 곧 높은 효율의 생산성을 뜻하는 것은 아니다.

당신이 누구든지 간에, 항상 수병이라고 생각해보라. 장교가 공헌하는 바는 많지만 곳곳에 존재하는 본질적인 애로사항도 있다.

어떤 대원이라도 당신과 면담한 후에 좋지 못한 감정을 느끼지 않도록 하라. 기계가 고장 났을 때와 같이 대원들이 좌절하거나 실패했을 때 책임감을 느끼기 바란다. 기계를 대할 때와 같이 대원들을 주시하고, 집중하고, 돌보도록 하라. 기계가 고장 났을 때 그 원인을 찾듯이 왜 실패하게 되는지 연구하기 바란다.

탈영자나 부랑자가 되어 스스로 불행해졌다고 느끼지 않도록 예하 대원들이 자신감을 갖고 스스로가 군함의 요원으로 우뚝 서는 것에서부터 자부심을 갖게 하기 바란다. 인간 문제를 주목하고, 통찰하고, 되돌아보며, 지성 있게 해결하느냐 못하느냐는 당신의 개인적인 노력 여하에 달린 것이다. 당신의 통제와 지휘 하에 있는 사람들을 파멸로 이끌 수도 있고 성공으로 이끌 수도 있다는 확실한 신념을 갖고 연구를 시작하기 바란다.

따를 수 없는 명령을 시달하는 일이 결코 없도록 하라. 적어도 대원들이 자신에게 복종하고 있다는 것을 확인하려고 하는 이유 이외에는 복종하고 싶지 않을 것 같은 명령은 절대 내리지 마라. 성급하게 판단하는 일이 없도록 하라. 확신에 찬 결정을 하였더라도 차후에 당신의 판단이 잘못되었다는 것을 알게 되면 그 결정을 바꾸는 일에 우물쭈물하지 마라.

전통적인 군 복무는 명예와 존경을 한 몸에 받을 수 있는 기회다. 이 기간 동안 대원들을 위해 사는 것은 의무다. 당신은 당신의 완전한 주인도 아니며 당신의 소유물도 아니라는 사실을 기억하라. 특히 해외에서 근무 중일 때 혹 당신에게 잠깐 동안의 수치스러운 일일지라도 미 해군에게는 영원한 불명예가 될 수 있다는 것을 기억하라.

전쟁을 승리로 이끌고자 하면 반드시 함대의 효율적 운용을 고려해야 한다. 함대의 효율적 운영이 최우선적으로 고려되어야 하는 것이다. 굳이 지적하기는 어려운 일이지만 늘 간과되고 있는 다음의 관점을 기준으로 판단해야 함을 잊지 말아야 한다.

일반적으로 저지르는 신임 장교들의 실수는, 함장에게 물어보지 않는 것이며, 옳다고 믿는 바를 실행에 옮기려고 하지도 않는다는 것이다. 어떤 경우에는 함장에게 물어보는 것 자체를 두려워하기도 한다. 어쩌면 자연스러운 현상이라고도 할 수 있지만 사실은 어리석은 짓이다. 신임 장교가 자신의 신념과 그 용기를 보여주는 것만큼 함장을 기쁘게 할 수 있는 것은 없을 것이며, 그러한 용기는 신임장교가 태만하지 않다는 것을 보여주는 것이다. 만약 실수를 범하더라도 함장이 화내지 않을 것이다.

함장이 예고 없이 상갑판 함교에 나타났을 때 바쁜 척 한다거나, 부지런한 척 보이려고 노력하지 마라. 아무 소용도 없을 것이며, 함장은 그 위선을 금방 알아차릴 것이다. 그런 부끄러운 행동은 어느 정도 함장에게 책임이 있는 문제지만 당시 근무하던 당직자에게도 책임이 있다.

상관으로부터 대원들에게 행동을 취하라는 지시를 받고, 그 이후 해당 명령이 신속하고 재빠르게 실행되느냐의 여부는 당신에게 달려있다. 명령받은 내용에 대한 책임은 명령내용이 완전히 실행될 때까지 지속된다.

견시가 당직근무를 성공적으로 수행하기 위한 기본 요건은 '방심하지 않는 것'이다. 견시 당직 때에는 함정의 모양, 항구 내 함정의 이동, 바람의 변화, 기압의 변화 등 그 어떠한 것이라도 주의를 게을리 해서는 안 된다. 견시 당직임무 중 취하는 행동은 다른 대원들에 의해 자신도 모르게 영향을 주고받게 된다는 점을 기억하라.

출동 중에는 골프나 테니스를 모두 할 수 없지만, 모든 장교들은 이 둘 중 하나 또는 두 가지 스포츠에서 '초급' 이상의 실력을 지니고 있어야 한다. 이런 여유 있고 근사한 게임들은 오늘날 전 세계에서 인기 있는 종목이 되고 있다. 뿐만 아니라 멋진 폼까지도 겸비된다면 당신의 함정이 어디를 가든지 관계없이 건전한 레크리에이션을 즐길 수 있게 된다. 자주 유쾌한 친선 시간을 만들 수 있으며 멋진 사교를 할 수 있게 된다. 이와 유사하게 말타기 능력은 장교가 배워두어야 할 가장 바람직스러운 분야 중 하나다.

항상 충고를 새겨들어라. 충고를 들으면 잃을 것은 없지만 얻을 것은 있다. 충고를 새겨듣는 것과 듣지 않는 것은 완전히 다를 것이다. 만약 충고가 의심스럽고 고려해보고 싶지 않은 것이라면, 당신 행동에 대한 책임은 전적으로 당신이 지게 된다. 만약 충고를 듣고 싶지 않다면, 적어도 다른 이의 멍청한 충고로 이루어진 것이 아닌 오로지 당신 스스로의 행동이었다고 즐겁게 생각할 수도 있을 것이다.

직무 태만으로 인해 당신 앞에 보고당해 왔다면 항상 차렷 자세로 서 있게 하라. 그만한 이유가 있다. 너무 말이 많아 '인기 있는 장교' 혹은 그 반대로 단 한 번도 대원들에게 '이야기하지 않는 장교'는 군기 유지에 있어 위협적인 요소가 된다. 그의 동료 장교들에게도 폐가 되는 존재다. 마스트를 휴식처를 활용하고 보고해야 할 일이 생기면 즉각 보고토록 하라.

인기투표를 실시하면, 어떠한 것을 통해서든 누군가가 시킨 명령을 따르게 하고 그들의 상관을 자랑스럽게 여기게 되어 그의 아래에서 근무하고 있음도 자랑스럽도록 여기게 된다. 인기투표를 하게 되면 상관의 실제 능력, 정의와 공정함에서 우러나오는 자신감, 용기 있고 강한 성격을 알게 되고 또한 이를 공경할 수 있게 된다.

어떤 장교는 매우 공정하게 행동하고 모두에게 공평하였으며, 어느한쪽으로 치우지지 않았고 아주 힘든 일은 대원들에게 똑같이 배분하였다. 모두에게 부과된 의무를 실행함에 곧은 자세로 임하였으며 책임감 있게 매사를 훌륭하게 처리해 내었을 때에는 그에 상응하는 보상을 해주었다.

직무태만이 존재하면 이를 즉각 인지하였으며, 자신의 업무 처리 또한 적당히 넘기지 않았다. 잔꾀를 부리지 않았고, 별 힘이 없는 대원들에게도 무시하는 모습을 보이지 않았고, 대원 개개인의 복지에도 개인적인 관심을 보여주었다.

특히 그는 직접 계획을 수립하고 이를 집행함에 있어 대원들이 불필요한 일을 하거나 쓸데없는 문제에 신경 쓰지 않도록 하였고, 더 나아가 그들의 효율성을 높여 부하들로 하여금 그가 진정으로 리드할 수 있는 능력이 있음을 인식하게 함으로써 인기투표에서 승리할 수 있었다.

'아니요!' 라고 말해야 할 때를 알아야 한다. 해군사관학교 팀을 응원하던 때를 기억하는가? 그 명성에 선망하는 시선으로 바라보았던 때를 기억하는가? 우리는 한 때 같은 함정 내의 장교나 대원들을 비방하는 말을 듣는 순간 순식간에 분개하였다. 이렇듯 격분한 행동은 정당한 것이었고 당연한 것이었고 훌륭한 것이었기에 그 생각대로 행동했던 것이었다.

함정 내의 기운을 살피기는 쉬운 일이 아니다. 손가락으로 어떤 사물을 가리키면서, "이것은 00함의 정신이며……" 라고 말할 수는 없는 일이다. 하지만 다른 적절한 예를 들면서, 믿음과 자부심을 키우도록 한다면 함정 내의 사기를 드높이고, 함정의 기운을 되살릴 수 있게 된다.

함정 내에 기운을 알고자 한다면 대원들과의 열띤 토론이 있어야 한다. 보통 그들은 그들의 직속 장교들이 하는 바를 본받는다. 그 직속 장교가 바로 당신이다. 만약 당신의 행동이 함정에 대한 믿음이 있고 자부심이 있다고 생각하면 그 대원들의 가슴 또한 뜨겁게 달아오를 것이다. 자기 스스로를 눈물의 골짜기에서 불평하면서 페인트칠이나 해야 하는 존재로 여기지 않을 것이다.

모든 장교들, 특히 어떤 종류의 운동이라도 해본 경험이 있고 또 잘하는 젊은 장교들은 함정 내에서 관련 팀을 만들도록 해주어야 한다. 함대별로 실시하는 운동에는 큰 조직이 필요한데, 각 함정별로 강한 팀을 만들어내는 것은 그 장교들이 쏟아내는 에너지와 비례한다.

해군소위로 근무하는 기간 중 각 분기마다 함장은 당신이 제출해야 할 '업무적합성보고서'를 건네줄 것이다. 당신이 확인한 후 함장은 자신의 판단에 따라 그 보고서를 채점한 뒤, 이를 관리부서에 보낼 것이다. 그 보고서는 해군 복무의 적합성 여부를 가늠하게 된다. 이 기간은 향후 오랫동안 임무를 수행할 역량을 갖추었는지를 결정하는 중요한 시간이 된다. 중위로 진급한 후에는 반년마다 한 번씩 업무적합성보고서가 작성되고, 이는 다음 진급 시, 순위를 결정하는 기본 자료가 된다.

이 책의 서두에는 존 폴 존스(John Paul Jones)가 1775년에 국회 해군위원회로 보낸 편지가 있다. 그 편지에는 해군장교의 기준을 해군 직업에 적합한 자질과 도덕적 척도를 이용하여 정의하고 있다.

존 폴 존스가 적은 글을 복사하여 보관하는 것은 좋은 생각이다. 시간이 날 때마다 읽고 또 읽도록 하라. 특히 낙담하게 될 때면 스스로에게 자문해보도록 하라. 그의 기준에 따라 생활하고 있는지를.

다른 사람들이 당신을 어떻게 판단하고 있는지를 자각하듯이, 스스로 자신을 바라보고자 노력하고 또한 이를 습관들여라. 선임자의 관점에서 자신을 평가하도록 노력하라. 몇몇 신임 장교들은 직업적 관점에서 자기 자신을 반성해보아야 한다. 자기분석과 자기비판의 습관을 길러라. 이는 작은 노력과 시간으로도 자신을 향상시킬 수 있는 비결 중하나다.

장교들은 그들의 업무적합성보고서를 꾸준히 기록할 수 있도록 해야 한다. 이 보고서는 항해국(Bureau of Navigation)에서 파일형태로 보관된다. 항해국을 방문하여 자신의 보고서에 대한 열람을 요구하면 이를 읽어볼 수도 있다. 최근 진급선발에서는 더욱 그러하다.

만약 어떤 장교가 어느 특정한 부분에 불충분한 면이 있거나 혹은 한 가지라도 거의 점수를 획득하지 못한 항목이 있으면 이를 만회하기 위해서라도 반드시 열람해 보아야 한다. 또한 해당 항목이 만회되었다고 느낀다면 노력한 사항을 선임자에게 보고서를 만들어 올리고 이를 기록으로 남기도록 요청해야한다. 자신의 업무적합성보고서를 검토하고 또 검토하면 당신의 선임 장교가 당신에 대하여 느끼는 당신의 약점을 알게 된다. 그러한 약점을 고치고자 계획을 세울 수 있게 되는 것이다.

대다수 사관생도들은 팔을 벌리고 기다리고 있으면 무엇인가 안기는 것이 있듯이 자동적으로 복무할 수 있게 될 것으로 생각하고 있다. 하지만 이는 사실과 다르다. 최근 실무부대에서는 정직하고, 성실하며, 기운이 넘치고, 지적이며, 철저하고 믿음직하게 부대 관리와 발전에 기여할 줄 아는 사관학교 졸업생들을 기대하고 있다.

만약 당신이 최근에 사관학교를 졸업하고 첫 함정으로 출근하면, 함정 대원들이 친절하게 맞이해줄 것으로 기대할 것이다. 하지만 함정에 승함하자마자 장교와 대원들은 당신에게 곱지 않은 눈길을 보낼 것이다. 그 함정에는 이전에도 적지 않은 신임장교들을 맞아들였다. 신임장교들의 경험은 부족하고 월급도 얼마 되지 않지만 결국은 자신이 스스로 헤쳐 나가려는 노력에 기초하여 평가받게 될 것이다.

고급장교에 대한 예의 결여, 혹은 그들과 친해지려는 욕망, 비합리적인 신병관리, 무책임하거나 창의적이지 못한 행동 등은 결코 호의적으로 작용하지 않을 것이다. 또한 그러한 인상을 지우는 데에도 많은 시간이 소요될 것이다. 이러한 사례는 아주 많으니 조심해야 한다. 주어진 직업과 의무를 심각하게 받아들여야 한다.

그리고 자신의 함정을 자신의 집과 같이 만들어야 한다. 사관학교에서 함대로 그 생활공간이 바뀌면서 상륙기회가 많아졌다고 생각하는 일이 없도록 해야 한다. 이보다는 함정 내 모든 것에 세심한 관심을 기울여야 한다.

고급장교로부터 듣는 말 중에 가장 좋은 것은 다음과 같다.

이 일을 너에게 믿고 맡긴다.

아이들과 같이 초급장교는 고급장교들의 가시권에 있어야 한다. 그 목소리만 들려와서는 안 된다. 키플링(Kipling)의 표현을 의역하면 다음과 같은 내용이다.

이는 총도 아니오, 갑옷도 아니며,

지불할 수 있는 동전도 아닙니다.

친근한 협력으로 인하여

그날의 승리를 보장받는 것입니다.

그것은 개인이 아닙니다.

해군 전체도 아닙니다.

바로 영원무궁한 각 개인의 영혼이

만들어낸 팀워크입니다.

초급장교를 위한 해군 리더십

리더십의 본질은 당신이 바라는 일, 즉 대원들이 해주기를 바라는 일을 대원들이 하고 싶도록 만드는 것이다. 민간인들과의 관계에 대하여는 가능한 많이 생각하고 또한 재치 있게 행동해야 한다. 민간인은 해군과 해군장교들에 대해 무지하기 때문에 그만큼 관심을 갖고 배우고 싶어 한다.

특히 당직사관 임무 수행 중 민간인이 승함할 때에는 최대한 정중하고 예의 있게 대해야 한다. 결국 우리의 존재 이유는 조국과 아울러 우리를 교육시키고자 예산을 지불하는 민간인 세금납세자들에 대하여 엄청난 책임감을 떠맡고 있는 것이기에 그들이 필요할 때 전력을 다해 그들을 보호해야 하는 데 있다.

생각 없이 불쑥 내뱉는 당직사관의 퉁명스러운 말이나 어딘지 모르게 건방진 눈짓을 던지는 이들은, 친구로 삼아야 할 사람들을 적으로 만드는 어리석음을 범한다. 어떠한 일을 하든지 절대로 상스러운 욕을 하지 말 것이며, 바보처럼 행동하지 않도록 하라.

어떤 것이든 계획을 세우라. 나쁜 계획이라 하더라도 계획이 없는 것보다는 낫다. 끊임없이 인격을 계발함으로서 대원들이 자발적으로 복종할 수 있게 해야 한다. 이를테면 남자 아이들로 가득 찬 큰 교실을 둘러보는 것만으로도 조용하고 질서정연한 분위기로 만들던 선생님을 기억할 수 있을 것이다.

인격을 계발하는 주요 구성요소에는 차분한 태도, 억제할 수 있는 목소리, 정당한 동기에 대한 굳은 신념, 성공을 향한 확고한 결단력 등이 있다. 뿐만 아니라 당신이 해야 할 일이 무엇인지를 분명히 알고 있어야 한다.

해군사관학교를 졸업한 후 첫 번째 항해를 하게 될 때 다른 사람들은 특별히 당신에 대하여 관심을 기울이지 않을 것이다. 이는 그동안 당신이 어떠한 재능도 발휘하지 않았기 때문이다. 시간이 지나면서 딱딱한 함미 바닥 아래에서 버섯처럼 단번에 솟아오르지 않으면 언제나 땅콩처럼 나뒹구는 존재가 되어 버릴 것이다. 당신이 누구인지, 당신이 어떤 재능을 갖고 있는 사람인지 알아차리지 못하게 될 것이다.

절대로 같은 말을 두 번 반복하지 않도록 하라. 만약 당신이 명령을 알아듣지 못했을 경우, 알아듣지 못했다고 말하지 않는 편이 더 나을 경우가 종종 있다. 그러나 이 경우에는 다른 사람을 통해서라도 재빨리 그 뜻을 파악하도록 하라.

한 조직 내의 사기는 장교들의 훌륭한 리더십, 그리고 훈련연습 없이는 존재할 수 없다. 사기는 '탁월하다는 신념, 승리하고자 하는 욕망과 의지, 그리고 가능하지 않은 것은 확고하게 거절하는 것'이라고 정의내릴 수 있다. 사기의 근본은 장교에 대한 믿음과 신뢰에 있다. 당신의 리더십을 점검하라. 만약 위와 같은 특징을 지닌 장교가 있다면 그 부대의 사기는 자동적으로 올라갈 것이다.

처음으로 상갑판에 앉아 바깥을 주시하던 한 해군대장은 신임 장교에게 다음과 같이 말하였다.

너무 이기적이어서, 잘 알고 지내는 대원들에게만 잘 대해주고 다른 대원들에게는 무뚝뚝하게 대하는 장교보다는 대원들과 함께 확실히 업무를 처리하는 장교가 함정을 더 안전하게 관리한다.

정말 명석한 장교는 대원들의 군기를 유지하기 위하여 더 권한이 많은 이들에게 기대지 않는다. 나는 대원들이 무서워하는 한 장교를 알고 있다. 그는 대원들을 기합줄 때 마스트로 데리고 가지 않는다. 그렇지만 대원들은 그 장교를 좋아하며 주어진 과업을 훌륭하게 수행해 낸다.

장교가 실수하지 않기 위해서는 다른 장교들이 사용하는 방법들을 배우고 끊임없이 연구해야 한다. 이를 위해서는 장교의 개인적 자질이 중요하다. 어떤 대원에게는 좋은 결과를 낳은 행동이라 하더라도 다른 대원에게는 좋지 않은 결과를 낳지 않을 수도 있다. 젊은 장교는 자신의 기질과 성격을 연구해야 한다. 자신의 기질과 행동이 대원들에게 조화되는 방법을 찾도록 노력해야 하는 것이다.

대원들과 좋은 관계를 유지하면서 성공한 장교들은 자신이 적용한 어떤 방법보다는 자신의 성격이 더 중요하게 작용하였다고 말한다. 대원들의 과업을 살피면서 그 실행방법을 생각해보고, 문제점이 발생하면 이를 자신의 성격과 어떻게 조화시킬 것인지를 검토해야 한다. 이렇듯 자신의 성격에 맞는 다른 방법을 사용함으로써 분위기를 바꾸고,

문제를 해결할 수 있게 되는 것이다. 중요한 것은 자기 성향에 맞는 방법을 사용하는 일이다.

해군전문 용어를 익히고 해군 매너를 숙지하라. "좋아! 키잡이, 해변으로 향하자. 그래서 중위를 만나 보자."라고 말하지 않도록 하라. 그보다는, "조타수, 출항하자. 상륙하면 브라운씨를 기다리자. 만약 그가 00시까지 나타나지 않으면 다시 함정으로 돌아온다. 알아들었나?" 라고 말하도록 하라.

명령을 받으면 "출항 후 즉각 이행하겠습니다."와 같이 적극적으로 답변하도록 하라. 문두에 '좋아'(All right) 같은 어휘는 뱃사람이 아닌 사람들이 자주 사용하는 표현이다. 하지만 이는 정확하지 않은 표현이니 사용하지 않도록 해야 한다.

조타수에게 "멋진 파티를 실시하자."고 말할 때에도 일반인들의 표현인 "Get the liberty party."라고 하지 말고 해군식 표현인 "Bring off the party."라고 말해야 한다. 함정에 돌아와서 "닻을 꽉 묶어, 잘 잡아!"라는 표현을 할 경우에도 "Tie up, secure!"라고 말해야지

"Make fast, haul out!"라는 어구를 사용해서는 안 된다.

"어떤 배를 타십니까? 얼마나 크죠?" 하고 물을 때 아무 것도 모르는 풋내기는 "What boat are you on? How big is it?"하고 말할 것이다. 그러나 해군은 이런 표현 대신 "What ship are you in? How big is she?"라고 말해야 한다.

무엇보다도 신경질을 내며 섬뜩하게 물어보지 않도록 하라. 소리를 지르며, "왜 그 따위로 일하는 거야?"라고 소리치는 것은 스스로 초조해하고 있거나 무기력하다는 것을 알리는 표현이다. 이러한 말 대신에 "내가 그러한 일을 하지 않도록 지시하였는데, 또 그렇게 했구나."라고 말하는 편이 훨씬 더 신속하고 실수 없이 일하게 만든다.

해군은 이전보다 사격을 잘한다. 또한 지금은 녹을 닦는 일이나 청소하는 일보다는 함정 위치 계측기나 사격 통제에 더 많은 관심을 갖는다. 그러나 왜 기함의 모터 보트를 발진시킬 때 함수에 위치한 펜더를 사용해야 하는가? 왜 함장용 소형 보트에서 노 젓는 대원은 보트 갈고

리의 무딘 끝 부분을 사용하면 안 되는가? 왜 모터 보터 정장은 너덜너덜한 모자를 쓰고 4인치나 되는 걸레 같은 머리를 그의 이마에 늘어뜨린 채 함수에 나타나야만 하는가?

결국 해군은 군사 조직의 일부이기 때문인 것이다. 막대기처럼 기합든 상태로 장교에게 말하는 것을 보고 비웃는 자는 바보다. 그 바보는 그러한 자세가 본질적인 것이 아니라고 말한다. 그러나 그러한 바보에게 나는 다음과 같이 충고한다. 대원들이 집합한 상태에서 벽돌이 깨지고 병이 깨어져도 전혀 움직이지 않은 상태로 상관의 계급에 대하여 복종하고 있는지를 쳐다보라고.

장교는 갑판 대원들의 생활공간을 사용하지 않는다. 다른 사람은 몰라도 장교는 대원들이 사용하는 장소를 사용하지 않아야 한다. 오랫동안 지속되어 온 많은 불화의 근원은 당직사관이 무심코 사용해오던 항해사의 쌍안경 때문이다. 항해사를 혼자 있게 내버려두라. 그리고 꼭 필요하지 않으면 그가 사용하는 해도를 함부로 만지지 않도록 하라. 이로 인해 그 불쌍한 항해사는 아마도 온 밤을 꼬박 지새울 수도 있을 것이다. 낮에는 관찰력이나 인내력이 떨어질 지도 모른다는 점을 기억하라.

항상 함정의 명성을 얻고자 노력하라.

당신은 아무 것도 얻지 못할 것이다.

어떠한 함정도 좋은 명성을 얻지 못했다.

그러나 함정의 명성을 위해 노력하는 것이

가치 있는 일이다.

항해 중에는 재미있는 일이 많이 생겨난다. 정말 재미있는 일을 보고도 미소 짓지 않는다면 이는 참으로 어리석은 일이다. 하지만 몇몇 장교들은 대원들이 난폭하거나 야단법석을 떠는 것을 보고 웃기도 한다. 그러나 그럴 때에는 웃지 않도록 하라. 군기 유지가 어렵기 때문이다. 당신을 향한 대원들의 존경심이 사라지게 되기 때문이다.

대원들은 당신에게 아무런 영향을 주지 않을 것이라 생각하며 당신이 들을 수 있는 곳에서 천박한 농담을 하며 즐길 것이다. 그러나 그들의 이러한 농담을 그대로 내버려 두지 마라. 조금이라도 여유를 주면 안 된다. 그러한 틈새를 보이지 않도록 하라. 당신에게 어떤 영향을 주기 위해 하는 언행이더라도 실례를 범한다면 심하게 꾸짖어야 한다. 그로 인해 질책 받았다는 사실을 인식하게 해주어야 한다.

작전 투입 시, 대원들의 난잡한 대화나 고함소리보다 더 많은 혼란과 시간손실, 그리고 허점을 보여주는 것은 없다. 난잡한 표현이나 고함치는 일이 없도록 하사관과 대원들에게 가르쳐 주어야 한다. 그리고 그들에게 규정을 준수하도록 요구해야 한다. 어떤 일이 끝났을 때에는 명령을 내린 사람 이외에는 그 누구도 말할 자격이 없다.

침묵 없이는 군기를 세울 수 없다.
절대 침묵할 수 있도록 침묵을 강조하라.

함정에서는 불쾌한 일을 최소화하고, 청결을 유지하는데 최선을 다하여라.

대원들이 제복을 깨끗하고 완벽하게 유지하도록 노력해야 한다. 각종 끈, 장구, 기장은 번쩍번쩍 광이 나도록 해야 한다. 변색되거나 부식되지 않게 해야 한다. 필요하다면 즉각 원상회복할 수 있도록 조치해야 한다.

장교나 대원들은 언제 어디서나 단정하고 산뜻하게 복장을 착용해야 한다. 이는 곧 군인의 자긍심과 연결된다. 그들의 의상과 의장이 최고의 재질로 만들어졌다는 것을 인식시켜야 한다. 그와 같은 특징이 눈에 띌 수 있도록 해야 하는 것이다. 이렇듯 적절하고 상황에 맞는 옷을 입는 사람들은, 실패한 사람들이나 어울리지 않거나 더러운 옷을 입은 사람들 혹은 수장이나 기장이 변색되거나 부식되도록 내버려 둔 사람들에 비해서, 단번에 훨씬 좋은 인상을 준다. 이에는 의문의 여지가 없다.

오늘날 민간인들 사이에서는 약식 복장이 일반화되어 있다. 하지만 현역조차 이와 같은 분위기에 편승해서는 결코 안 될 것이다. 군인은 군인 본래의 목적을 상기하면서, 이에 걸 맞는 감각을 유지하도록 해야 한다. 제복에 관한 규정이 있으며, 우리는 그 규정을 준수해야 한다.

수병이 부드러운 칼라 깃을 사용하거나 혹은 규정을 벗어나는 과장된 깃을 사용한다면 이는 규정을 어기는 것이다. 어떠한 가죽 신발도 군복과는 어울리지 않는다. 또한 검은 양말은 오직 근무복과 함께 신을 수 있고 하얀 양말은 오직 하얀 정복을 입을 경우에만 신을 수 있다.

해군장교라고 해서 누구라도 멋지게 제복을 차려입는 것은 아니다. 군복 뿐 아니라 사복의 경우도 마찬가지다. 군복은 거의 완벽에 가까운 세련된 복장이어야 한다. 장교 군복에 먼지가 끼어있거나, 구겨지거나 얼룩이 묻어있으나, 변색되거나 색이 바래버린 레이스 혹은 기장이 달려 있다면, 이는 변명할 여지가 없는 중과실이다. 옷값을 절약하고 싶거든 사복에 대해서 절약하고, 군복은 제대로 입도록 해야 한다.

장교가 사복을 입을 때에는 수수한 차림이되 취향과 회합의 특성에 맞춰 입도록 하라. 타인에 대한 존중이나 예의는 모두 공평하게 일관성 있게 하라. 그러나 친구는 천천히 사귀도록 하라. 전염병, 상부에 대한 비난, 악의 없는 험담 혹은 무심코 던지는 비판 등을 삼가라. 해군 포술 교육책자에는 다음과 같이 내용이 있다.

대원들로부터 나온 유해한 비판은 곧 함정에 퍼져서 함정에 대한 충
성심을 완전히 없애버리게 될 것이다.

해군대장 로드 저비스(Lord Jervis)는 다음과 같이 말한다.

군기는 사관실에서 비롯된다. 장교에 대한 무분별한 악담이나 명령
에 대한 경솔한 반응 혹은 그 대화 내용으로 인해 우리 모두가 해를
입을까 두렵다.

마지막으로, 우리 가운데에서 최고의 위치까지 오르게 될 사람이라
하더라도 항상 모든 바위와 여울목에 부딪히게 된다는 사실을 기억해
야 한다. 그 위험한 상황과 아울러 그에 대처하는 태도에 대하여 본서
의 내용이 향후 여러분의 군 경력에 조금이라도 도움이 된다면 우리의
노력은 헛되지 않을 것이다.